앵그리버드와 함께 떠나는

물리학 여행!

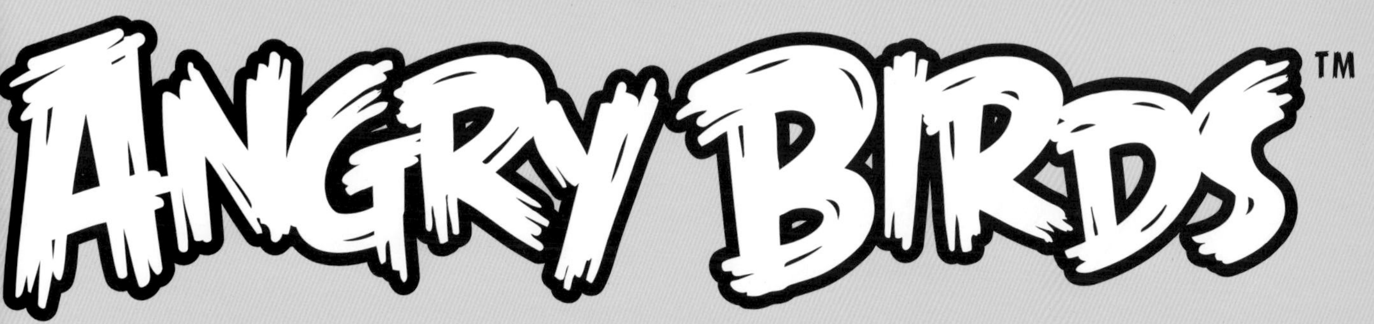

앵그리버드

v_y

θ

v_x

$$\tan\theta = v_y / v_x$$

$$\theta = \tan^{-1}(v_y / v_x)$$

$$0 = -\frac{1}{2}mv^2 + mg(\Delta y)$$

$$v = \sqrt{2g(\Delta y)}$$

$$v = \sqrt{v_x^2 + v_y^2}$$

$$v_2 = \sqrt{\frac{ks^2}{m} - 2gs\sin\theta}$$

$$a_x = 9.8 \text{ m/s}^2$$

$$a_x = 0 \text{ m/s}^2$$

$$v = 0 \text{ m/s}$$

$\vec{F}_{spring}$

s

$\vec{F}_{grav}$

앵그리버드와 함께 떠나는 물리학 여행!

ANGRY BIRDS™

앵그리버드 물리 탐험

글 : 렛 엘레인 그림 : 로비오
감수 : 민현수 교수

이 책의 글을 쓴 **렛 엘레인**은 어린 시절 대부분을 미국 일리노이 주에서 보냈어요. 어렸을 때는 물건을 만들거나 뜯어보는 걸 좋아했지요. 뜯어 놓은 물건을 언제나 다시 되돌려 놓지는 못했지만요. 엘레인은 앨라배마 대학과 노스캐롤라이나 주립대학에서 물리학을 공부했어요. 지금은 물리학을 가르치는 교수이자 '와이어드 사이언스 블로그'에서 블로거로도 활동하고 있어요. 아내, 아이들과 함께 루이지애나에서 살고 있으며, 오토바이를 타고 출근하는 걸 즐겨요.

이 책을 우리말로 옮긴 **김아림**은 서울대학교에서 생물교육을 전공했고, 서울대학교 대학원에서 과학사 및 과학 철학 협동 과정 석사 학위를 받은 뒤, 과학 전문 출판사에서 근무했어요. 현재 번역 에이전시 엔터스코리아에서 출판 기획 및 전문 번역가로 활동하고 있어요. 옮긴 책으로는 『자연의 농담』, 『공룡과 나』, 『리얼 다이노소어』, 『미국 초등 교과서 핵심 지식 시리즈 GK-G6 : 과학편』, 『공룡의 발견』, 『앵그리버드 리얼 스토리』 등이 있어요.

★ **펴낸날** 초판 1쇄 2014년 3월 10일
★ **글** 렛 엘레인 **그림** 로비오 **옮김** 김아림 **감수** 민현수 교수(서울시립대학교 물리학과)
★ **펴낸이** 최현희 **편집** 이선일, 서영선 **디자인** 박미영 ★ **펴낸곳** 도서출판 푸른날개
★ **주소** 인천광역시 연수구 벚꽃로 158번길 43 **전화** 032) 811-5103 **팩스** 032) 232-0557, 032) 821-0557
★ **출판등록** 제 131-91-44275 ★ ISBN | 978-89-6559-079-8 63420, 978-89-6559-070-5 64400(세트) ★ 값 13,000원

차례

제한 구역
관계자 외
출입 금지!

앵그리버드와 함께 즐거운 물리학 여행을 떠나요!

우리는 무심코 새총으로 표적을 겨누지만, 그 안에도 신기한 물리학의 원리가 숨어 있어요! 물리학의 원리를 정확히 알면, 우리는 표적을 제대로 맞힐 수 있어요. 또 앵그리버드 친구들이 단 한 방으로도 최대한 많은 돼지를 한꺼번에 해치울 수도 있어요. 그러면 그때 새총을 어떤 각도로 쏘아야 할까요? 또 새총에서 발사되는 앵그리버드의 가속도와 질량은 얼마가 되어야 할까요? 앵그리버드가 날아가는 동안 중력은 어떤 영향을 미칠까요?
수많은 궁금증을 해결하기 위해 내셔널 지오그래픽에서는 앵그리버드 게임과 물리학 사이의 명백한 연관 관계를 확실하게 알아보기로 했어요. 한창 작업을 진행해 보니, 앵그리버드 게임과 물리학은 공통점이 몇 가지 있었어요. 두 가지 모두 다른 것을 생각할 틈도 없이 푹 빠지게 하는 매력과 재미, 탐험, 즐거운 놀이라는 점에서 꼭 닮았어요. 이 책은 〈내셔널 지오그래픽〉과 로비오 사가 손잡고 만들어 낸 책이랍니다. 한마디로 물리학은 앵그리버드 게임을 하는 것처럼 재미있어요!

로비오 엔터테인먼트 사의
마이티 이글이자 최고 마케팅 경영자
피터 베스터바카

LEVEL 1 역학

에너지는 무엇이고, 힘은 또 무엇일까요? 그리고 이것들은 우리 몸에 어떤 변화를 일으킬까요?

한 스카이다이버가 비행기에서 뛰어내려
땅으로 내려오고 있어요. 중력의 영향을 받아
지구로 떨어지는데, 이때 반대 방향으로
작용하는 공기의 저항으로 가속도가 줄어들어요.

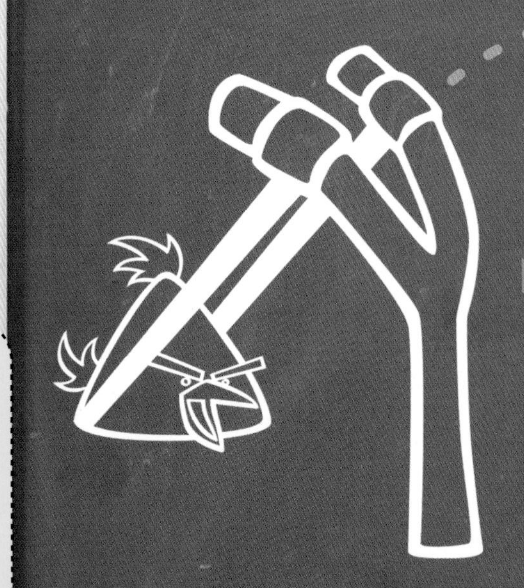

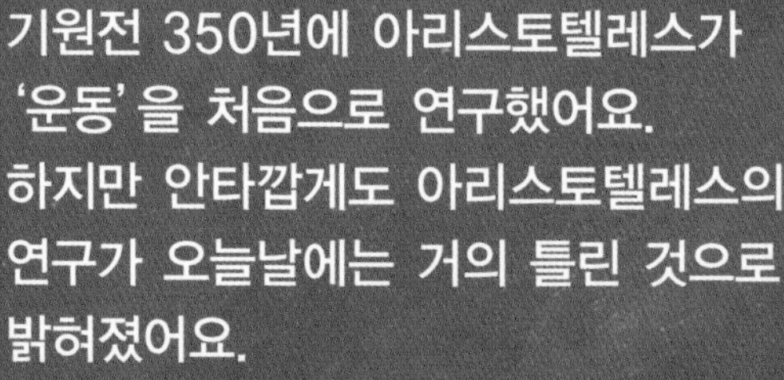

놀면서 배우는 물리학

기원전 350년에 아리스토텔레스가 '운동'을 처음으로 연구했어요. 하지만 안타깝게도 아리스토텔레스의 연구가 오늘날에는 거의 틀린 것으로 밝혀졌어요.

운동을 어떻게 나타낼까요?

힘이 물체에 어떻게 작용하는지 알고 싶은가요? 그러면 물체의 운동을 나타내는 방법을 알아야 해요. 먼저 그 물체가 움직이는 길을 그려 보는 거예요. 이걸 '궤적'이라고 부르는데, 여러분은 이미 '궤적'을 본 적이 있답니다. 앵그리버드 게임을 떠올려 보세요. 앵그리버드를 돼지에게 쏘아 맞출 때, 앵그리버드가 날아가는 궤적을 미리 볼 수 있지요.

궤적은 우리 생활에서 여러모로 쓸모가 많아요. 하지만 물체가 얼마나 빨리 날아가는지에 대해서는 정확히 알기 어렵답니다. 그래서 우리는 수식을 사용해서 물체의 운동을 표현하는데, 그 수식이 '운동 방정식'이에요.

상호 작용과 힘

물리학은 '힘' 만이 아니라 '상호 작용' 도 연구한답니다. 상호 작용은 두 개의 물체가 주고받는 영향력을 말해요. 앵그리버드가 벽돌을 맞히는 장면을 떠올려 보세요. 벽돌과 앵그리버드가 부딪히면 둘 다 어떤 식으로든 바뀌잖아요? 이 둘 사이에 상호 작용을 일으키는 것이 바로 힘이지요. 그렇다면 '힘' 은 정확히 무엇일까요? 힘이 무엇인지 쉽게 알 수 있는 실험을 한번 해 볼까요? 여러분의 손 위에 책 한 권을 올려놓아 보세요. 책의 무게가 손바닥으로 전해지지요? 이게 바로 힘이랍니다. 앵그리버드가 '핑!' 하고 날아오를 때에도 어김없이 힘이 작용해요. 그러면 이제 물체에 어떤 힘이 작용하는지 살펴볼까요?

힘을 측정하는 데 쓰는 단위는 '뉴턴' 이랍니다. 딱딱한 표지의 책 한 권에는 약 10뉴턴의 힘이 작용해요. 10뉴턴은 1킬로그램중 정도의 무게를 말해요. 여기서 1킬로그램중은 질량 1kg의 무게에 작용하는 표준 중력의 크기랍니다.

힘에 대한 아리스토텔레스와 뉴턴의 생각

'어떤 물체에 일정한 힘을 계속 준다면 어떤 일이 일어날까요?' 처음 이 질문을 한 사람은 옛 그리스에 살던 철학자 아리스토텔레스예요. 그러나 아리스토텔레스는 실험을 하는 과학자라기보다는 훌륭한 생각과 이론을 만들어 내는 사상가였어요. 그래서 오늘날의 과학자처럼 실험으로 증거를 뒷받침하지는 않았어요. 아리스토텔레스는 어떤 물체에 일정한 힘을 주면 일정한 속도로 계속 움직인다고 주장했어요. 또 물체의 움직임은 물체가 가진 본성이라고 생각했지요. 정말 그럴까요? 아리스토텔레스의 주장은 무려 2천 년 동안 사실로 알려졌어요. 그러나 2천 년 뒤, 뉴턴과 갈릴레이가 이 같은 주장이 사실인지 호기심을 가지고 탐구하기 시작했어요. 이들은 물체에 일정한 힘을 주면 물체의 운동에 일정한 변화가 일어난다는 사실을 발견했어요. 하지만 힘이 주어지지 않으면 물체의 운동에는 변화가 전혀 일어나지 않는다는 것도 알게 되었지요.

운동 에너지가 변하는 걸 봐!

앵그리버드의 움직임을 에너지로 설명해 볼까요?

물체들이 상호 작용 하려면 에너지가 필요하지요. 에너지가 무엇인지 알기 위해 예를 들어 볼까요? 날아다니는 앵그리버드는 '운동 에너지'를 가지고 있어요. 앵그리버드가 빨리 움직일수록 이 에너지도 더 커져요.
그렇다면 이 에너지는 어디로부터 오는 것일까요? 앵그리버드를 발사하는 데 쓰는 고무줄에 저장된 에너지에서 운동 에너지가 생기는 것이지요. 앵그리버드의 운동 에너지가 줄어들면, 이 작아진 에너지는 어디로 갈까요?
앵그리버드가 높이 올라갈수록 속도는 점점 느려져요. 운동 에너지는 줄어들지만, 다른 종류의 에너지가 늘어나면서 전체 에너지의 균형이 맞춰져요. 이처럼 물체의 위치에 따라 늘어나기도 줄어들기도 하는 에너지를 '중력 위치 에너지'라고 한답니다.

운동

'부릉' 소리를 내며 지나가는 자동차를 본 적이 있을 거예요.
자동차의 운동을 어떻게 나타낼까요? '부릉' 이라고 나타낼 수도 있겠지만, 이것으로 자동차의 운동 원리를 자세히 나타낼 수는 없어요. 여러 가지 방식으로 움직이는 자동차의 운동에 대해서 조금 더 자세히 알아볼까요?

위치와 속도, 그리고 가속도는 어떤 사이일까요?

자동차 경주 중인 자동차의 운동을 나타내려면 어떻게 해야 할까요? 가장 먼저 '위치' 를 알아야 해요. 자동차가 특정 지점에서 얼마나 떨어져 있는지를 나타내는 것으로, 예를 들면 출발선에서 어느 정도 움직였는지 확인하는 것이지요. 이때 물체의 '변위' 가 중요한데, 변위는 어떤 시간과 장소에서 또 다른 시간과 장소까지 자동차가 움직인 위치의 변화량을 나타내는 것이에요. 이때 정말로 중요한 것은 '자동차가 어디로 움직였는지' 가 아니라, '어디에서 어디로 움직였는지' 랍니다.
'변위' 를 자동차가 움직이는 데 걸린 시간으로 나누어 주면 '속도' 를 알 수 있어요. 이 경우 속도는 자동차가 얼마나 빨리 달렸는지를 보여줍니다. 속도를 알면 시간의 흐름에 따라 위치가 얼마나 바뀌었는지 알 수 있어요. 그리고 가속도는 시간의 흐름에 따라 속도가 얼마나 달라졌는지 알려 주지요.

물리학 상식

위치와 변위
셈을 해서 숫자로 나타내고, 미터, 킬로미터와 같은 단위를 써요.

속도
1초에 몇 미터, 혹은 1시간에 몇 킬로미터를 움직였는지를 나타내요. km/h(킬로미터/시간), m/h(미터/시간) 등으로 써요.

가속도
1초에 몇 m/s 변화했는지, 1시간에 몇 km/h 변화했는지를 나타내요.

경주용 자동차 한 대가 경주를
하다가 순식간에 날아올랐어요. 붕!

힘과 운동

야구 경기의 투수가 공을 던질 때처럼 여러분이 손으로 공을 밀면 무슨 일이 일어날까요? 공은 정지 상태에서 시작했기 때문에 힘이 공의 속도를 0에서 0이 아닌 값으로 바꿉니다. 만약 시속 140킬로미터보다 빨리 던질 수 있으면 이미 프로 선수입니다.

힘은 물체에 어떤 작용을 할까요?

손에 쥐고 있던 야구공을 던지고 나면 어떤 일이 벌어질까요? 만약 타자가 배트로 공을 쳐내는 것처럼 공에 다른 힘이 더해지지 않으면 날아가는 공의 속도는 그대로 유지되지요. 그런데 이때 실제로는 공에 중력이나 공기 저항 같은 여러 가지 힘이 작용한답니다. 그렇지만 실제 경기에서 투수가 던진 공이 타자의 야구 방망이에 닿기까지는 워낙 짧은 순간이라, 이런 힘들은 속도에 큰 영향을 주지 않아요.

힘은 물체에 과연 어떤 작용을 할까요? 힘은 물체의 속도를 빠르게 하거나 느리게 한답니다. 포수가 날아오는 공을 잡는 장면을 한번 생각해 보세요. 포수는 공이 날아오는 반대 방향으로 힘을 주지요. 이렇게 하면 눈 깜짝할 사이에 공의 속도는 0이 되지요. 속도가 빨라지든, 느려지든 간에 힘이 주어지면 물체의 속도가 변해요. 그러므로 힘이 주어지지 않으면 속도는 변하지 않아요.

놀면서 배우는 물리학

매끄러운 바닥에 공을 놓은 뒤, 이 공을 건드리면 공이 움직일 거예요. 공에 힘이 주어져 속도가 변하는 것으로, 움직이는 방향으로 힘을 더 주면 공의 속도가 빨라질 거예요. 하지만 움직이는 공의 반대 방향으로 힘을 주면 공의 속도가 느려진답니다.

야구공의 운동은 투수가 공을
던지는 힘에서 시작돼요.

달려라!

달려!

멍멍아!

개 한 마리가 스케이트보드를 타고 신 나게 길 위를 달리고 있어요. 개가 발을 구를 때마다 스케이트보드에 힘이 전달되지요.

일정한 힘

이 개가 스케이트보드를 타는 이유는 무엇일까요? 스케이트보드는 탈것 중에서 '저항력' 이 아주 작아요. 그래서 일단 스케이트보드에 올라타서 발을 한 번 구르면, 스케이트보드는 일정한 속도로 굴러가요. 이때 계속해서 발을 구르면 어떻게 될까요? 발을 계속 구르면 힘이 계속 전달되고, 그러면 스케이트보드의 속도는 점점 빨라지지요. 운동이 필요한 다른 동물들에게도 스케이트보드를 권해 준다면 재미있게 운동을 할 수 있을 거예요.

힘이 점점 커지면 어떤 일이 벌어질까요?

만약 물체를 더 큰 힘으로 밀면 어떨까요? 물체를 더 빠르게 움직이게 할까요? 정확하진 않아요. 일정한 힘이 물체의 속도를 지속적으로 증가시킨다는 것을 기억하세요. 작은 힘이라도 결과적으로 큰 속도를 낼 수 있습니다. 더 큰 힘이 주어지면 물체의 속도가 더 빠르게 바뀌게 된답니다.

물리학 상식

힘의 단위를 서로 바꿔 보면, 1뉴턴은 0.10킬로그램중이고, 1킬로그램중은 9.8뉴턴이지요.

킬로그램은 힘의 단위이지만, 질량의 단위로 사용할 때가 많아요.

미국이나 영국에서는 질량의 단위로 '슬러그' 나 '파운드' 를 사용해요.

달 탐사 로켓 새턴 5호가 발사될 때의 추진력은 무려 3,400만 뉴턴(340만 킬로그램중)이에요!

중력

중력은 우리 모두가 겪는 힘이에요. 중력은 질량을 지닌 물체 사이의 상호 작용이지요. 하지만 우리 주변의 물체에 대해서는 이 힘이 너무 작아 알아차리지 못합니다. 지구 위에서 중력을 말할 때에는 대체로 지구가 잡아당기는 중력을 말하지요.

공중에 던진 공은 왜 점점 속도가 느려질까요?

여러분이 컵이나 공을 공중으로 던져 올리면 무슨 일이 일어날까요? 중력은 여전히 아래로 당기지요. 이 경우 힘이 속도의 반대 방향으로 작용하기 때문에 컵의 속도가 점점 느려져 결국 0이 됩니다. 이후에는 아래로 떨어지고 속도가 점점 증가합니다.
만약 내가 손에 들고 있던 컵을 놓치면 어떤 일이 일어날까요? 그 컵이 손에서 미끄러지자마자 일정한 만유인력의 영향을 받아 아래쪽으로 끌어당겨져요. 일정한 힘이 있다는 것은 속도가 일정하게 변화한다는 것이지요. 컵이 떨어지는 속도는 점점 빨라지는데, 이럴 때 또 다른 힘이 가해지면 어떻게 될까요? 손에서 미끄러진 컵이 바닥에 떨어지면, 그때 바닥은 컵이 떨어진 방향과 반대인 위쪽으로 밀어내는 힘을 발휘해요. 그러면 컵이 깨지게 되지요.

놀면서 배우는 물리학

앵그리버드 게임의 규칙을 조금 바꾸어서 앵그리버드를 발사해서 못된 돼지를 맞히는 대신, 위를 향해 똑바로 쏘아 보아요. 그러면 과연 어떤 일이 벌어질까요? 위로 한없이 올라갈 것 같던 앵그리버드의 속도가 점점 줄어들어요. 지구의 중력이 앵그리버드를 끌어당기기 때문에, 결국 앵그리버드는 땅으로 떨어지게 될 거예요.

여러분이 힘을 주어 물체를 들고 있지 않으면, 중력을 받은 그 물체는 바닥으로 떨어질 거예요. 마치 이 유리잔에 든 우유처럼 말이에요.

레드

임무 수행

레드는 스스로 앵그리버드의 대장이라는 착각 속에서 살아요. 그래서 알이 위험해지면 누구보다도 먼저 나서서 싸워요. 알을 빼앗으려는 성가신 돼지들을 쫓아내는 레드만의 무기는 바로 빠른 속도예요. 레드는 다혈질이라서 화가 나면 겁 없이 달려들어요. 훌륭한 경호원이라면 수행자를 안전하게 지키는 것은 물론, 위급 상황에서 언제 적을 공격해야 하는지를 아는 법이에요. 레드는 바로 그런 점에서 알을 안전하게 지키는 훌륭한 경호원 역할을 해낸답니다.

아이작 뉴턴

$$V=(X_2-X_1)/t$$

이름: 레드

레드를 움직이는 것: 믿음직한 새총

제일 좋아하는 작전: 목표물을 직접 맞혀 공격하기

게임의 물리학: 속도를 알면, 특정 거리를 이동하는 데 걸리는 시간을 알 수 있음

종단 속도

여러분이 하늘에서 어떤 물체를 떨어뜨린다거나, 하늘 높이 올라간 비행기에서 뛰어내린다고 생각해 보세요. 그러면 중력이 여러분의 몸을 끌어당기므로, 떨어지는 속도는 점점 빨라질 거예요. 하지만 그 속도는 무한정 빨라지지는 않아요. 몸이 떨어지면서 공기가 여러분을 밀어내는 힘도 커지거든요. 이 같은 힘을 '공기 저항력'이라고 해요.

속도가 한없이 빨라지지 않는 이유는 무엇일까요?

공기 저항력이 무엇인지 느껴보고 싶다면 자동차를 타고 달릴 때 창문 밖으로 손을 내밀어 보세요. 자동차의 속도가 빠르면 빠를수록 공기가 손을 밀어내는 힘이 커져요. 비행기에서 뛰어내린 스카이다이버도 이와 똑같은 경험을 한답니다. 공중에서 떨어지는 속도가 빠를수록 스카이다이버가 받는 공기 저항력도 커져요. 그러다가 마침내 공기 저항력이 중력의 크기와 똑같아지는 순간이 오게 되지요. 그런데 중력과 공기 저항력이 미치는 방향은 서로 반대여서 이 두 가지 힘이 함께 작용하면 아무런 힘이 작용하지 않는 것과 똑같아요. 그래서 스카이다이버는 일정한 속도로 떨어지게 되지요. 이때의 속도를 '종단 속도'라고 해요. 속도가 일정하게 유지되는 최종 속도를 뜻하는 말이에요.

물리학 상식

스카이다이버의 종단 속도는 보통 초속 54미터 정도예요.

스카이다이버는 종단 속도를 스스로 바꿀 수 있어요. 자세를 바꿔서 공기와 닿는 몸의 면적을 늘렸다 줄였다 하면 종단 속도가 달라져요.

스카이다이버들은 하늘에서 떨어지면서도 여러 가지 자세를 취해서 속도를 조절할 수 있지요. 그리고 이렇게 하늘에서 땅으로 떨어지는 물체의 운동을 '자유 낙하'라고 해요.

포물선 운동

화살을 쏘아 과녁에 제대로 맞히고 싶다면, 먼저 물리학에 대해 알아야 해요. 활에서 발사된 화살이 날아가기 시작할 때, 화살에는 '중력'이라는 단 하나의 힘이 작용하지요. 보통 물체가 날아가면서 힘을 받는 방향은 수직 방향과 수평 방향으로 나눠지는데, 중력은 물체를 아래쪽으로 끌어당기기만 해요. 그래서 물체의 수직 방향 속도만 바뀌고, 수평 방향 속도는 바뀌지 않아요.

화살을 더 멀리 날아가게 하는 방법은 무엇일까요?

화살을 더 멀리 날아가게 쏠 수 있는 방법이 있을까요? 화살을 수평으로 똑바로 쏘는 것보다는 약간 위쪽으로 활을 들어 올려 쏘는 게 더 멀리 나아가요. 왜 그럴까요? 활을 조금 들어 올려서 쏘면 화살은 수직 방향으로 속도를 내게 된답니다. 그러면 수평으로 쐈을 때보다 더 늦게 아래로 떨어져요. 그동안 화살은 수평 방향으로 더 멀리 날아갈 수 있어요. 그렇다고 해서 활을 지나치게 위로 들어 올려서 쏘면 오히려 수평 방향의 속도가 너무 많이 줄어들어서 화살이 멀리 날아가지 못한답니다.

LEVEL I 과학

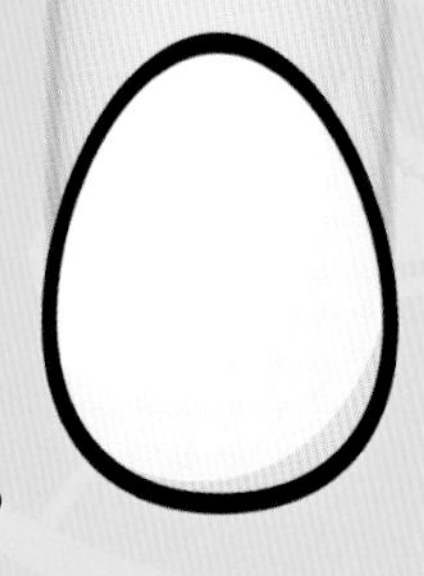

놀면서 배우는 물리학

우리도 앵그리버드 게임을 하면서 포물선 운동을 직접 해 볼 수 있어요. 처음에는 앵그리버드를 똑바로 수평 방향으로 쏘아 본 뒤, 얼마나 멀리 갔는지 확인해 보세요. 그다음 앵그리버드를 약간 위로 들어 올려 쏘아 보세요. 처음보다 멀리 날아간 것을 볼 수 있을 거예요.

양궁 선수는 활시위를 힘껏 잡아당긴 뒤 놓는 방법으로 화살을 쏘지요. 이때 활을 떠난 화살의 움직임을 결정하는 것은 중력이랍니다.

중력과 무게

엘리베이터를 타고 위로 올라가는 걸 상상해 보세요. 엘리베이터가 위층으로 올라갈 때 위로 가속하여 0이 아닌 속도를 얻어요. 우리는 엘리베이터 안에서 어떤 느낌을 받나요? 엘리베이터가 위쪽으로 가속할 때는 몸이 조금 무거워진 것처럼 느끼지요. 반대로 엘리베이터가 정지하면서 아래로 가속할 때는 약간 가벼워진 기분이 듭니다.

엘리베이터 안에서는 몸무게가 변화하나요?

왜 더 무겁거나 가볍게 느낄까요? 진짜로 몸무게가 달라진 걸까요? 아닙니다. 우리가 무게라고 느낀 것이 진짜 무게가 아니고, 우리에게 가해지는 다른 힘을 느끼는 것이지요. 엘리베이터가 위로 가속할 때는 바닥이 중력보다 센 힘으로 밀어서 우리를 가속하게 하는 겁니다. 이 힘이 실제 몸무게보다 크기 때문에 더 무겁게 느끼는 것이지요. 엘리베이터가 아래로 가속할 때는 반대가 되지요. 바닥이 중력만큼 밀 필요가 없기 때문에 더 가볍게 느끼는 것이랍니다.

물리학 상식

중력은 우주의 네 가지 근원적인 힘 가운데 하나로, 그중 가장 약한 힘이에요.

질량이 다른 두 물체가 떨어질 때, 다른 힘이 더해지지 않으면 가속도는 똑같아요.

몸무게를 재는 또 다른 방법! 여러분과 지구 사이에 끌어당기는 힘이 얼마인지 재면, 여러분의 몸무게가 나와요.

여러분이 점점 속도가 빨라지는 가속도 운동을 하는 로켓에 타고 있다고 상상해 보세요. 기분이 어떨까요?

LEVEL 1
역학

돼지왕

덩치가 문제?

만약 질량이 운동의 변화율에 관계하고 있다면, 돼지왕을 움직이게 하는데 굉장히 많은 힘이 필요하지요. 게으름뱅이 돼지왕은 오랫동안 돼지 섬을 주름잡으며 살았어요. 돼지왕은 엄청 자극을 받거나 두들겨 맞을 때만 자리에서 일어나 행동을 합니다. 그런 경우에도 아주 뚱뚱한 돼지왕이 화가 난 앵그리버드를 따라잡기는 어려울 거예요.

갈릴레오 갈릴레이

F=ma(힘=질량×가속도)

이름: 돼지왕

돼지 왕을 움직이는 것: 화난 앵그리버드의 공격

제일 좋아하는 작전: 자기 자리에 가만히 앉아 있는 것

게임의 물리학: 관성의 법칙에 따르면, 제자리에 멈춰 있는 물체는 다른 힘이 가해지지 않는다면 계속 가만히 멈춰 있어요.

우주 비행사들

흔히 우주 공간에는 중력이 없다고 생각하지요. 그래서 우주 비행사의 몸무게가 없어진다고 여깁니다. 그렇지만 우주에도 중력은 있습니다. 사실 지구가 태양 주변을 도는 것은 만유인력 덕택이지요.

우주 비행사가 우주에서 둥둥 떠다니는 이유는?

우리가 우주로 나가게 되어 지구에서 멀어지면 멀어질수록 지구에서 받는 중력은 약해져요. 그렇다면 어떻게 우주 비행사들은 우주 저 멀리로 사라지지 않고 궤도를 떠다니는 걸까요? 이것은 우주 비행사들이 생활하는 궤도는 지구 표면에서 300킬로미터 정도 떨어져 있는 곳이기 때문이에요. 이 궤도의 지름은 약 1만 3,000킬로미터이고, 지구의 지름은 약 1만 2,000킬로미터예요. 그래서 궤도 위의 중력은 지구에서 땅에 서 있을 때와 비교해서 약간 적은 정도랍니다.

이 경우 우주 정거장은 앞에서 말한 가속하는 엘리베이터와 비슷하답니다. 한 가지 엘리베이터와 다른 점은 항상 가속한다는 점이지요. 우주 비행사들이 이 '우주 엘리베이터'와 더불어 지구 주위를 돌면서 함께 가속 운동을 하기 때문에 중력 외에 따로 우주 정거장을 밀 힘이 필요 없지요. 다른 힘이 필요 없다는 점이 우주 비행사가 몸무게가 없다고 느끼는 것을 의미해요.

놀면서 배우는 물리학

국제 우주 정거장이 떠 있는 높이에서 우주 비행사에게 작용하는 중력은 어느 정도일까요? 지구 표면에 서 있을 때보다 10퍼센트 작다고 생각하면 돼요.

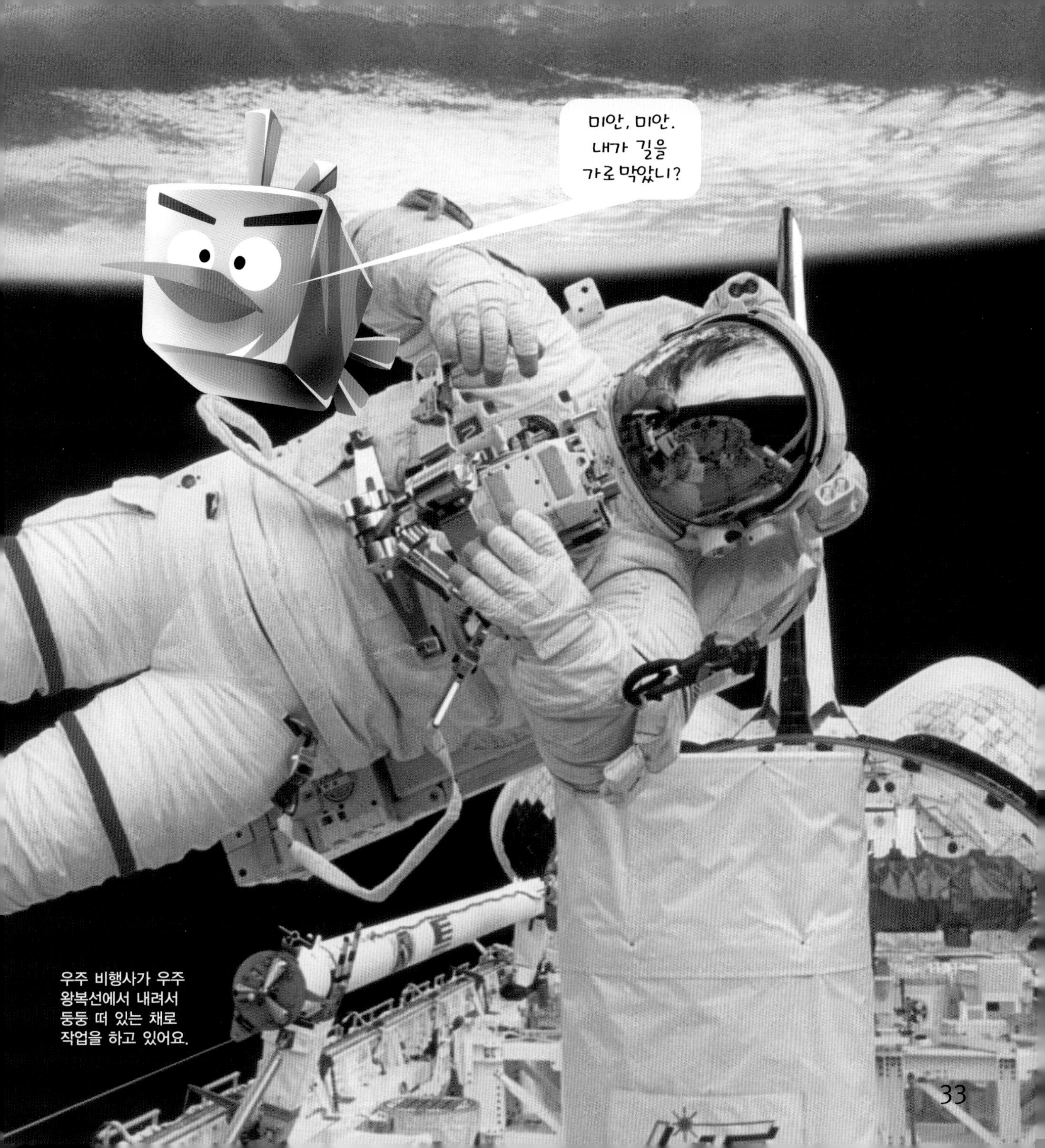

우주 비행사가 우주
왕복선에서 내려서
둥둥 떠 있는 채로
작업을 하고 있어요.

에너지와 운동

롤러코스터는 궤도를 지나는 동안 올라갔다 내려오고, 때론 몇 바퀴 돌기도 하지요. 그런데 자세히 살펴보면 열차가 올라갈 땐 속도가 느려지고, 내려갈 땐 속도가 빨라진다는 걸 알 수 있어요. 롤러코스터 열차의 운동을 힘이 아닌 에너지로 생각해 보면 설명하기가 훨씬 쉬워져요. 에너지의 면으로 보면, 열차가 출발하는 장소와 도착하는 장소만 알면 되거든요.

롤러코스터를 타면 그 속도가 빨라졌다가 느려졌다가 변화무쌍해서, 가슴이 콩닥거리면서도 무척 재미있어요!

롤러코스터의 운동을 에너지로 설명해 봐요!

롤러코스터가 움직일 때에는 두 가지의 에너지가 작용하지요. 하나는 운동 에너지로, 열차가 움직일 때 생기는 에너지예요. 운동 에너지는 열차의 질량과 속도에 따라서 달라진답니다. 또 다른 에너지는 중력 위치 에너지로, 지구와 열차 사이의 만유인력이 작용해 생기는 에너지입니다. 중력 위치 에너지는 열차가 지면에서 떨어진 높이와 열차의 질량에 따라서 달라지지요.

롤러코스터가 궤도를 달릴 때 이 밖에 더해지는 에너지는 없어요. 그래서 운동 에너지와 중력 위치 에너지를 합한 값은 언제나 일정해요. 어떻게 그럴 수가 있느냐고요? 열차가 밑으로 내려가면 위치 에너지는 줄어들지만, 운동 에너지는 늘어나거든요. 즉 열차의 속도가 더 빨라지므로, 총 에너지는 항상 일정하지요.

원운동

우리는 지금까지 속도, 가속도 운동에 대해서 알아보았어요. 하지만 속도는 물체가 얼마나 빠른지에 대한 부분만을 재는 것은 아니랍니다. 속도는 물체의 빠르기만을 재는 속력과는 달리, 물체의 빠르기와 이동한 방향의 변화를 모두 나타내지요. 속도는 변위 벡터와 같은 방향을 가지는 벡터양(크기와 방향으로 정하여지는 양)이기 때문이에요. 바로 이 벡터의 구성 성분을 조금이라도 변화시키면 가속도가 생기지요. 속도의 크기는 일정하다 하더라도, 원운동을 하면 방향이 계속 변하기 때문에 가속도가 있는 것이랍니다.

포유동물은 젖었을 때 왜 온몸을 흔들어 몸을 말릴까요?

젖은 몸을 말리는 행위는 알고 보면 물의 가속도와 관련된 일이에요. 털이 복슬복슬한 포유동물이 몸을 말리는 모습을 본 적이 있을 거예요. 그때 그 동물은 몸을 앞뒤로 흔들며 원운동을 하지요. 이 동물이 원을 그리며 몸을 이리저리 흔들 때, 털에 붙은 물방울은 가속도가 점점 더 커지지요. 그런데 가속도가 생기려면 힘을 받아야 하지요. 그래서 털에 붙은 물방울에는 '마찰력'이라는 힘이 생겨 물방울들이 계속 원운동을 하게 돼요. 그때 동물이 몸을 힘차게 돌리면 마찰력이 충분하지 않아 원운동을 유지할 수 없게 돼요. 그래서 원운동을 하던 물방울은 원 바깥으로 날아가게 되는데, 이렇게 물방울들이 다 날아가게 되면 털이 완전히 마르는 것이지요.

물리학 상식

원운동 하는 물체에서 가속도의 방향은 어디일까요? 원운동 하는 원의 중심 방향이랍니다.

물체의 속도가 빨라지면 원운동의 가속도 역시 커져요. 하지만 원운동 하는 원의 반지름이 늘어나면 가속도는 작아지지요.

북극곰이 원운동을
하면서 젖은 털이
뽀송뽀송해지도록
말리고 있어요.

LEVEL 2 소리와 빛

파동은 처음 시작되는 지점에서부터 점점 더 멀리 퍼져 나가요. 소리의 매질은 물질이고, 빛은 전기장과 자기장으로 되어 있습니다.

사람들에게 많이 알려진 이 사진은
사실 물리학적으로는 잘못된 것이랍니다.
소리는 바람과 같은 것이 아니거든요.

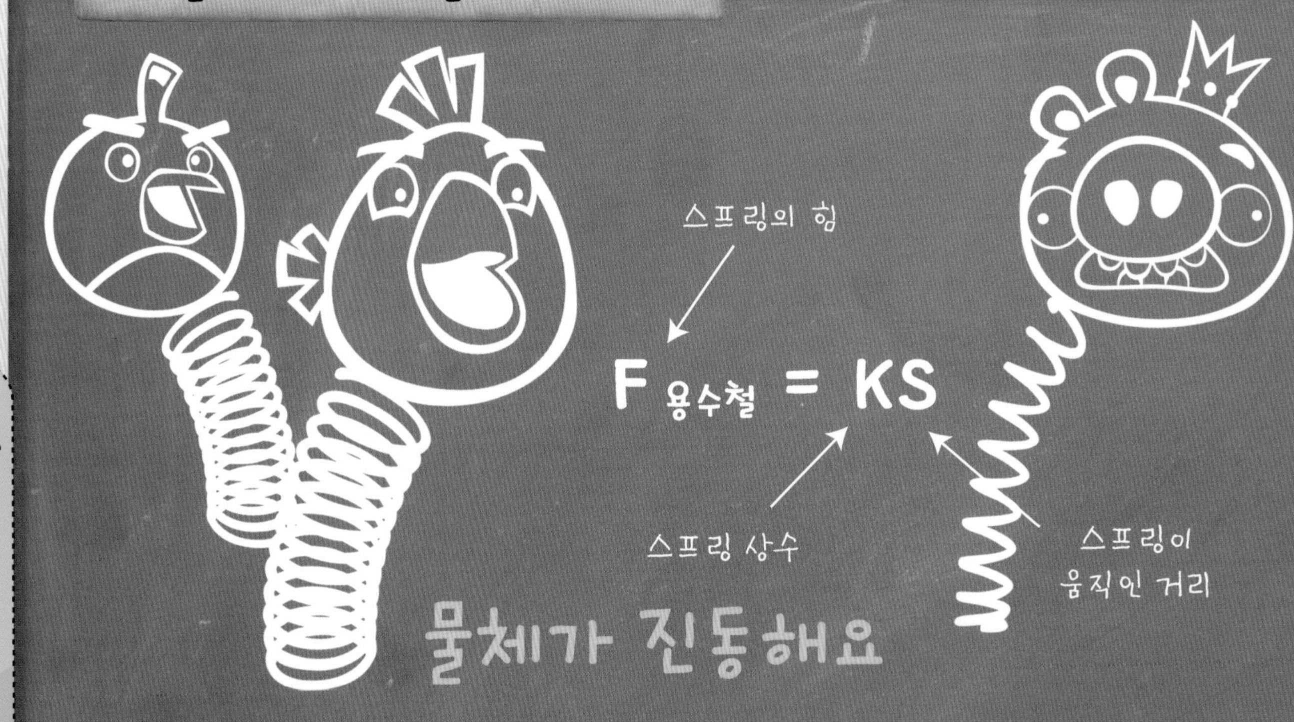

물체가 진동해요

용수철을 한번 잡아당겨 보세요. 용수철을 잡아당겨도 원래의 형태로 돌아오지요. 용수철을 안으로 쭈그러뜨리면 반대 방향으로 튕겨 나와요. 돌멩이를 용수철에 걸어 놓으면, 돌멩이의 무게 때문에 용수철이 밑으로 축 늘어지지요. 하지만 원래의 형태로 돌아가려는 용수철의 성질 때문에 돌멩이는 위로 끌어당겨져요. 이때 돌멩이는 중력이 아래로 끌어당기는 힘과 같은 크기의 힘으로 위로 끌어올려져요. 이럴 때 돌멩이를 더 아래로 잡아당기면 어떻게 될까요? 늘어난 용수철이 돌멩이에 가하는 힘은 돌멩이에 작용하는 중력보다 더 커져요. 그래서 손을 놓으면 돌멩이는 위로 끌어당겨지기 시작할 거예요. 그렇지만 한없이 위쪽으로 올라가지는 않고, 어느 지점을 지나면 다시 밑으로 내려가지요. 이처럼 오르락내리락 하는 운동을 '진동 운동'이라고 해요. 진동 운동은 빛이 무엇인지 제대로 이해하기 위한 기초 원리랍니다.

파동이란 무엇일까요?

'파동' 이라고 하면 무엇이 떠오르나요? 대개는 바다에서 보는 파도처럼 일정한 모양을 반복하는 운동을 생각하기 마련이지요. 파동 안에는 하나의 변위가 아니라 아주 많은 변위가 있습니다. 우리는 이렇게 반복되는 파동을 세 가지로 측정해요. 첫째는 파동의 속력이랍니다. 드넓은 바다에서 물결치는 파도 하나를 골라 a지점에서 b지점까지의 속력을 재면 되지요. 둘째는 파동의 진동수예요. 여러분이 바다 위에 우뚝 솟아오른 바위 위에 앉아 있다고 상상해 보세요. 1초 동안 바위를 지나치는 파도가 몇 개인지 세어 보면, 이것이 바로 진동수이지요. 셋째는 파장이에요. 파장은 파도 하나의 제일 높은 점에서 그 다음 파도의 제일 높은 점까지의 거리예요. 음파이든 스프링으로 만든 파동이든 간에 모든 파동은 속력, 진동수, 파장으로 나타낼 수 있어요.

'소리'란 무엇일까요?

손을 앞으로 내밀어 앞뒤로 움직여 보면, 공기를 밀어내고 있다는 것을 느끼게 될 거예요. 이 과정에서 공기 입자가 다른 입자들 사이사이로 들어가서 다른 입자들을 앞으로 밀어내요. 그래서 공기 분자들이 압축되는 파동이 생겨나지요. 이번에는 여러분이 아까 같은 움직임을 1초에 200번 한다고 상상해 보세요. 그러면 놀랍게도 여러분이 만든 압축된 공기의 파동이 다른 사람의 귀에 전해지게 돼요. 실제로 이런 일을 사람 손으로 하기는 어렵겠지만, 여러분 목 안에 있는 성대나 고무줄, 소리굽쇠를 통해서는 할 수 있어요. 이것들은 모두 아주 빠르게 진동해서 음파를 만들어 내지요. 소리는 파동이므로 속도와 파장, 진동수가 있어요. 그래서 소리의 진동수를 높이면 우리의 귀에는 '높은 소리'로 들린답니다.

소리랑 빛이 비슷하다고는 꿈에도 생각하지 못했을걸!

'빛'이란 무엇일까요?

소리가 파동이듯이, 빛도 파동의 한 종류예요. 하지만 빛은 소리와는 다른 성질을 가졌지요. 만약 방에서 공기를 모두 없애면 무슨 일이 일어날까요? 매질인 공기가 없으면 소리는 전파되지 않아요. 빛도 파동이라면 소리나 파도처럼 매질을 통해서만 전파되는 걸까요? 빛 자체가 파동이기 때문에 무언가를 통해서 전파되지는 않아요. 우리는 빛을 '전자기파' 라고 부르는데, 이 이름을 통해서도 파동이라는 것을 알 수 있지요. 그리고 빛은 전기장의 진동과 동반한 자기장의 진동으로 이루어져요. 전기장과 자기장이 함께 작용해야 빛이 텅 빈 공간을 가로질러 이동할 수 있답니다. 태양빛이 우리를 비출 때에도 이런 과정을 거쳐요. 이것이 태양에서 나온 빛이 사람들에게나 자라나는 녹색 식물에게 도달하는 방법입니다.

파동

집에서도 손쉽게 파동을 만들어 볼 수 있답니다. 무엇이든 기다란 줄을 하나 구해서 바닥에 일직선으로 펼친 뒤, 한쪽 끝을 잡고 빠르게 흔들어 보세요. 그러면 줄을 따라 파도 모양의 파동이 퍼져 나가는 것을 볼 수 있어요. 이를 좀 더 자세히 살펴보면 줄이 좌우로 흔들리는 것을 알 수 있지요. 이 운동을 통해 파동이 줄을 따라 퍼지는 것이에요. 따라서 파동은 변위가 이동하는 운동이라는 것을 알 수 있어요.

사람들은 어떻게 파동을 만들까요?

운동 경기장에서 '파도타기' 응원을 해 본 적이 있나요? 파도타기 하는 사람들 사이에서 줄을 타고 이동할 때와 같은 파동이 생겨요. 사람들이 차례로 일어났다가 앉는 행동의 파도타기 응원은 옆으로 이어지며 경기장 모든 곳으로 이동하지요. 여기서 물리학적으로 중요한 사실은 경기장을 따라 움직이는 것이 사람들이 아니라, '교란'이라는 것입니다. 사람들이 불러 일으키는 파동이든, 줄의 파동이든, 소리나 빛의 파동이든 간에, 이러한 파동에서 움직임을 일으키는 것은 모두 '교란'이라고 불러요.

놀면서 배우는 물리학

운동 경기장 응원단의 파도타기가 경기장을 한 바퀴 도는 데에 걸리는 시간은 30초에 불과하답니다. 이를 속도로 계산해 보면 초속 25미터예요. 그런데 같은 거리를 한 사람이 있는 힘껏 달려도 이 시간의 두 배는 더 걸릴 것입니다.

리듬 체조 선수는 리본으로
규칙적인 파동을 만들어요.

천둥과 번개

번개가 번쩍 빛난 뒤 천둥이 울리기까지 시간 차이를 재는 사람을 본 적이 있나요? 그 사람은 비구름이 어디에 와 있는지 예측하기 위해서 시간을 재는 것이지요. 그런데 과연 이런 방법이 정확한 것일까요?

천둥소리와 번개의 빛은 모두 파동의 한 종류예요. 천둥은 음파(소리의 파동)이고, 번개는 전자기파라는 점이 다르지요. 그런데 실제로 이 두 파동은 동시에 생겨나지만, 파동의 속도가 다르기 때문에 이처럼 시간 차이가 나는 것이랍니다. 만약 여러분이 번개가 치는 곳에서 10킬로미터 떨어져 있다고 해도, 번개는 눈 깜짝할 사이에 여러분이 있는 곳까지 오지요. 하지만 소리가 이 거리를 이동하려면 50초가 걸려요. 그래서 여러분이 번개가 친 곳에 가까이 있을수록 번개의 번쩍임을 보고 나서 천둥소리를 듣는 간격이 짧아지지요.

번개는 어디에서 쳤을까요?

'번쩍!' 여러분의 눈앞에서 번개가 쳤어요. 그리고 10초 뒤에 '콰르릉' 요란하게 천둥소리가 났어요. 그러면 번개는 여러분이 있는 곳에서 얼마나 떨어진 곳에서 친 것일까요? 소리는 1초에 340미터를 가므로, 번개가 떨어진 곳은 3,400미터(3.4킬로미터) 밖이랍니다.

캐나다 수도 토론토에 있는 한 타워에 번개가 치고 있어요.

물리학 상식

소리는 1초에 약 340미터를 이동해요.

소리의 속도는 공기 중의 온도와 습도에 따라 조금씩 달라져요.

번개는 지구 어디선가 1초에 약 50번씩 쳐요.

번개가 내리치는 선은 길게는 그 길이가 4.8킬로미터인 것도 있어요.

음파는 공기 또는 줄을 통해서 전파될 수 있어요.

정상파

어떤 물질을 타고 흐르는 파동이 그 물질의 끝에 다다르면 어떤 일이 벌어질까요? 그 물질이 줄이라면 파동은 다시 튕겨 나올 거예요. 이것이 바로 우리가 기타 줄을 퉁길 때 일어나는 일이지요. 파동이 계속 반복된다면, 파동 하나가 끝 부분에서 튕겨져 돌아오는 동안 나머지 파동들은 원래 방향으로 계속 나아가요. 그러므로 같은 줄에 서로 반대 방향으로 움직이는 두 가지 파동이 있는 셈이에요.

두 가지 파동이 같은 줄에 있으면 어떤 일이 일어날까요?

같은 줄 위에 두 개의 파동이 있으면 두 힘이 합쳐져 커지거나, 이와 반대로 서로의 힘이 부딪혀서 줄어들게 돼요. 만약 파동 하나는 위 방향의 변위를 가졌고 다른 파동은 아래 방향의 변위를 가졌다면 만났을 때 둘 다 없어져 버리지요. 두 파동 모두 같은 방향이라면, 변위가 서로 합쳐져서 더 큰 파동이 만들어진답니다. 이것을 '정상파'라고 불러요. 기타 줄에서는 오직 정해진 파장의 파동만 넘나들기 때문에, 튕겨 나오는 파동과 서로 소멸되지 않으면서 앞뒤로 진행할 수 있어요. 그래서 기타를 치면 아름다운 소리가 나는 것이랍니다.

놀면서 배우는 물리학

줄넘기 줄로도 우리는 손쉽게 파동을 만들 수 있어요. 긴 줄넘기 줄을 준비해서 친구에게 줄 한쪽 끝을 꽉 잡게 하세요. 그리고 여러분은 줄의 다른 쪽 끝을 잡고 아래위로 흔들어 파동을 만들어요. 그다음에는 친구에게도 작은 파동을 만들라고 해 보세요. 파동이 만들어지는 것을 눈으로 확인할 수 있답니다.

척

준비, 설정 완료, 발사!

앵그리버드 세상의 2인자인 척은 언제나 공격 태세를 갖추고 있어요. 언제, 어디서나 빛의 속도로 날아가서 자기가 맡은 일을 척척 해내죠. 척은 우두머리 레드가 공식적으로 인정한 앵그리버드의 부사령관이에요. '영원한 2인자' 가 되려면 척은 언제나 정신을 바짝 차려야 해요. 못된 돼지 무리가 끊임없이 나쁜 짓을 하려는 데다, 다른 앵그리버드들이 2인자 자리를 노리고 있기 때문이지요.

찰스 '척' 이거

미터 초

Mach 1=340.29 m/s

마하

이름: 척

척을 움직이는 것: 자기의 우월함을 위협하는 모든 것

제일 좋아하는 작전: 쏜살같이 빠르게 달리는 것

게임의 물리학: 마하수는 어떤 물체의 속도를 같은 매질(기체 또는 액체) 속 음속으로 나눈 값이에요.

돌고래들은 초음파를 쏘아
반사된 것을 듣고 사냥을
하거나 방향을 잡아요.

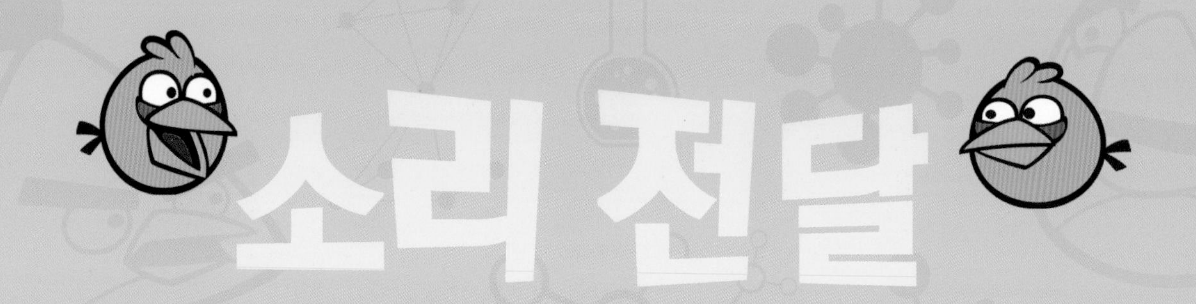

소리 전달

수영장 물속에 들어가 본 적 있나요? 때때로 물을 통해 소리가 들리는 경우도 있지만, 그 소리가 어디서 들려오는지 알기가 어려워요. 물 밖으로 나와야 비로소 소리가 들리는 곳을 잘 알 수 있지요. 소리는 아주 짧은 거리를 이동하는 데에도 시간이 걸려요. 소리가 나는 곳과 가까이 있는 귀는 반대쪽 귀보다 그 소리를 먼저 듣는 것이지요. 그래서 양쪽 귀가 소리를 듣는 데 걸리는 시간 차이가 달라지면 우리는 방향을 알아차리는 데 어려움이 생겨요.

돌고래들은 뿌연 물속에서도 어떻게 방향을 찾을까요?

돌고래는 주변의 소리를 듣고 방향을 찾는 동물이에요. 돌고래는 "끽끽" 하고 매우 높은 소리를 내는데, 이 소리는 물을 타고 전해지다가 무언가 단단한 물체에 부딪히면 튕겨 나와요. 물고기나 다른 장애물에 부딪혀 나는 소리가 돌고래에게 다시 전해지거든요. 이것을 듣고 돌고래는 먹이를 찾거나 방향을 잡는 것이지요. 돌고래가 자기가 낸 소리를 다시 듣는 데 걸리는 시간이 길수록 장애물은 멀리 떨어져 있는 것이에요. 돌고래처럼 물체의 위치를 짐작하는 것을 '방향 정위' 라고 한답니다.

물리학 상식

- 소리가 물속에서 나아가는 속도는 공기 중에서 나아가는 속도의 절반 정도예요.
- 잠수함도 돌고래와 비슷한 기술을 사용해요. 이것을 '능동 음파 탐지기' 라고 해요.
- 1912년에 '물속 음파 탐지기' 가 세계 최초로 선보였어요.
- 혹등고래가 내는 소리는 수백 킬로미터 밖까지 퍼져요.

도플러 효과

소리도 파동이므로, 파장도 있지요. 그런데 신기하게도 소리는 높낮이에 따라 파장이 달라져요. 높은 소리는 낮은 소리보다 파장이 짧아요. 그리고 소리를 내는 근원이 움직이면 더욱 흥미로운 현상이 나타난답니다. 이처럼 파동을 내는 근원이나 그 파동을 관측하는 관측자 중 하나가 움직이면 발생하는 효과가 달라지는 것을 '도플러 효과'라고 하지요.

오토바이가 지나갈 때 소리를 잘 들어 보세요. 오토바이가 내게 가까이 올 때랑 멀어질 때 소리가 달라요.

부아아아아아앙

오토바이가 스쳐 지나갈 때 소리가 달라지는 이유가 뭘까요?

여러분이 서 있는 왼쪽에서 오토바이 한 대가 나타나 일정한 속도로 지나가는 걸 상상해 보세요. 오토바이 엔진이 출발하면서 하나의 음파를 만들어 낸 뒤, 여러분이 있는 곳으로 더 가까이 달려오면서 음파를 만든다고 생각해 보세요. 이 경우 멈춰 서 있는 오토바이와 비교했을 때와는 다르게 파장이 짧은 음파가 만들어지는데, 이것을 '도플러 천이'라고 해요. 오토바이가 여러분 쪽으로 다가오면, 도플러 천이 때문에 엔진에서 나오는 소리는 높아져요. 그리고 오토바이가 멀어지면서 소리가 낮아지지요. 또 오토바이의 속도가 빠를수록 도플러 천이의 정도가 커져요. 달리는 오토바이처럼 음파를 내는 근원이 움직이고 있다면 이러한 도플러 효과를 관찰할 수 있답니다.

놀면서 배우는 물리학

기상대에서는 '도플러 레이더'라는 것을 사용해요. 이 레이더는 비구름이나 폭풍우 같은 여러 일기 현상에 부딪혀 튕겨 나오는 레이더 음파 주파수의 변화를 측정하지요. 주파수의 변화를 알면 비구름이 탐지기를 향해 다가오는지 멀어지는지를 알 수 있답니다. 바로 도플러 효과를 통해서이지요.

부아아아아아아앙

어두워도 다 보여요!

아무리 어두운 방에 있어도 우리는 다 보인다는 착각 속에서 살아요. 왜 그런지 한번 살펴볼까요? 어두운 방 안에 있으면 가장 희미하게 비치는 빛을 바라보게 되지요. 그래서 어두운 방 안을 볼 수 있는 거랍니다. 빛이 하나도 없는 완전한 어둠 속이라면 아무것도 보이지 않아요. 하지만 이런 완전한 어둠을 접하기란 아주 어려워요. 여러분 방에 전깃불을 다 꺼 놓았다 해도, 시계에서 나오는 약한 형광빛이 비치거든요. 이 정도 약한 빛만 있어도 우리

물리학 상식

빛을 내보내는 광원의 밝기를 재는 단위로 '칸델라'를 쓰지요.

는 앞을 볼 수 있답니다. 창문을 통해 방 안으로 비치는 밤하늘 별빛만으로도 완전한 어둠은 아닌 셈이에요. 이처럼 어떤 물체를 보기 위해서는 그 물체에서 반사된 빛이 우리 눈까지 닿아야 해요. 그래서 빛이 전혀 없으면 아무것도 보이지 않는 것이랍니다.

동물들은 어떻게 어둠 속에서도 볼 수 있을까요?

밤에 활동하는 동물들은 대개 눈이 커요. 눈이 클수록 주변의 희미한 빛을 끌어모을 수 있지요. 동굴 속에 사는 박쥐는 어떨까요? 동굴은 사실상 빛이 전혀 들지 않는 몇 안 되는 장소 가운데 하나예요. 앞이 하나도 보이지 않아요. 그러면 박쥐들이 동굴 속에서 어떻게 방향을 찾아 날아다니냐고요? 앞에서 살핀 돌고래와 마찬가지로 초음파를 통한 '방향 정위'를 사용한답니다.

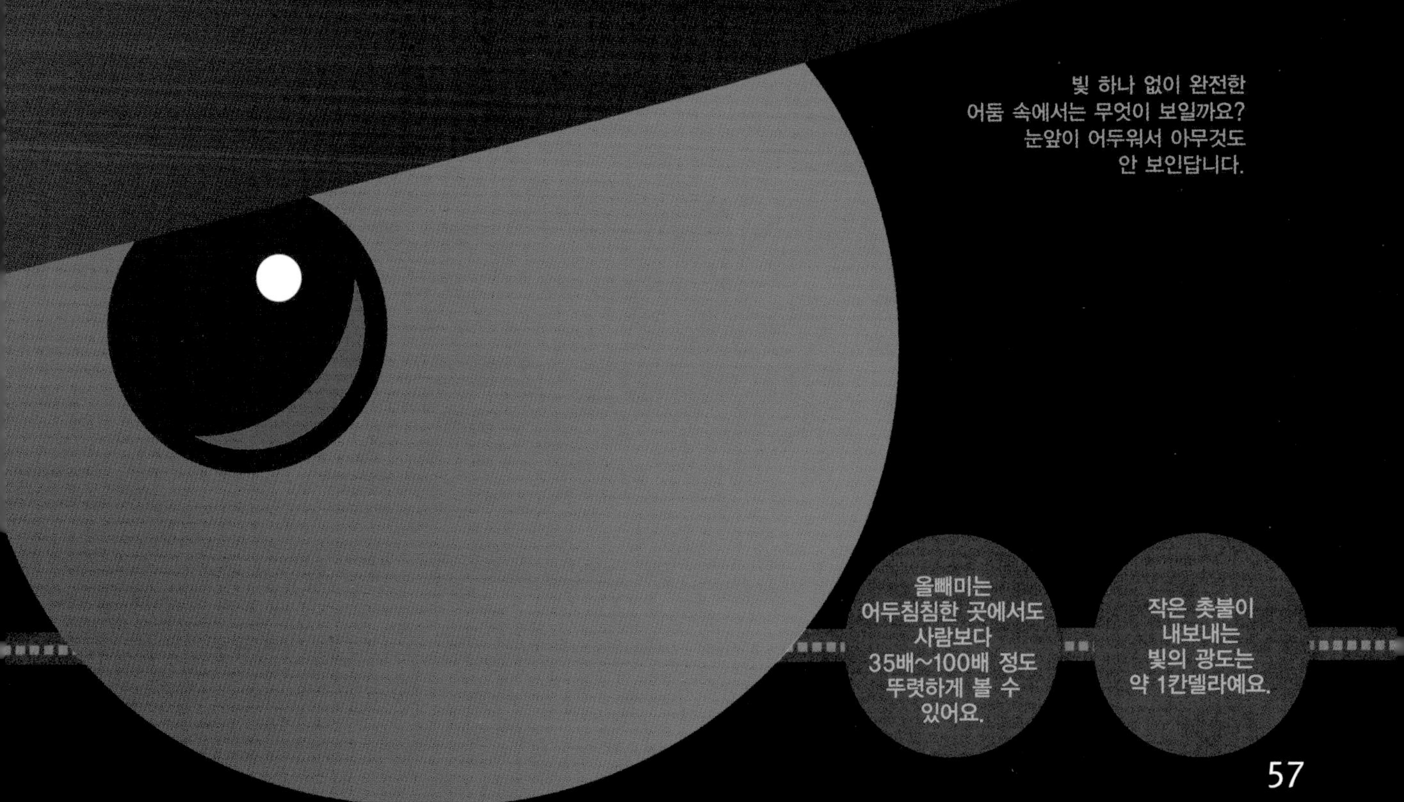

빛 하나 없이 완전한 어둠 속에서는 무엇이 보일까요? 눈앞이 어두워서 아무것도 안 보인답니다.

적외선

우리가 무언가를 보기 위해서는 물체에서 빛이 반사되어 나와야 하지요. 그러면 빛이 반사되어 나오지 않는 전구의 경우는 어떨까요? 전구는 빛이 반사되어 나오는 대신 스스로 빛을 내보내요. 과학자들의 말에 따르면, 사람을 포함한 모든 물체는 빛을 내보낸답니다. 하지만 물체가 내보내는 빛을 우리가 항상 모두 볼 수 있는 것은 아니에요. 빨간색 빛보다 파장이 길면, 우리는 그 빛을 눈으로 보지 못하거든요. 이 빨간색 빛을 '적외선' 이라고 하는데, 우리 눈으로 직접 보지는 못하지만 특수 카메라를 사용하면 볼 수 있어요.

적외선은 무엇이 다를까요?

물체가 내보내는 빛의 색깔은 온도와 관련이 있어요. 온도가 낮은 물체는 적외선만 내보내기 때문에 우리 눈에 보이지 않아요. 우리 주위 대부분의 물체들은 적외선 영역의 빛을 내보내요. 그래서 적외선을 측정하면 그 물체의 온도를 알 수 있어요. 귀에 꽂는 체온계도 이 같은 원리로 작동하지요.
그러나 어떤 물체가 매우 뜨겁고 온도가 높으면, 우리 눈에 보이는 가시광선까지 내보낸답니다. 우리가 가장 먼저 볼 수 있는 빛은 빨간색이었다가, 물체의 온도가 계속 올라가면 흰색이나 파란색으로 변한답니다.

텔레비전 리모컨은 짧은 근적외선 파장을 사용해요.

따뜻한 음식의 온도를 유지하기 위해 적외선램프를 사용하는 패스트푸드점도 있어요.

살무삿과의 뱀들은 적외선을 감지하는 능력이 있어요. 따뜻한 피를 지닌 동물(온혈동물)을 사냥하기 위해서지요.

사람이 내보내는 적외선의 파장은 10마이크론 정도랍니다.

코끼리의 적외선 사진을 찍으면
신체 각 부위마다 색깔이 다른데,
각 부위의 온도가 다르기
때문이에요.

마틸다

화내기 전에 환하게 웃자!

평화, 사랑, 지렁이가 있으면 마틸다는 신이 나 흥얼흥얼 콧노래를 불러요. 마틸다는 반짝반짝 빛나는 것을 무척 훌륭하다고 생각하는데, 빛의 파동이 자기에게 특별한 기운을 준다고 철석같이 믿거든요. 게다가 반짝이며 굴절되는 빛의 힘이 숲을 눈부시게 빛내 준다고 생각한답니다. 싸움을 별로 좋아하지는 않지만, 화를 내야 하는 상황에서는 불같이 화를 낸답니다.

알하젠

$$n_1 \sin\theta_1 = n_2 \sin\theta_2$$

이름: 마틸다

마틸다를 움직이는 것: 붙임성이 좋은 마틸다는 누구하고나 잘 어울리고, 적극적으로 행동하는 성격이라 이리저리 구부러지는 빛의 파동과 닮았어요.

제일 좋아하는 작전: 평화를 지키는 것

게임의 물리학: 스넬의 법칙은 빛의 파동이 물이나 유리같이 서로 다른 두 개의 매질 사이를 통과할 때 적용되지요. 이 법칙은 빛이 매질에 들어가는 각도와 나오는 각도에 대해 알려 주지요.

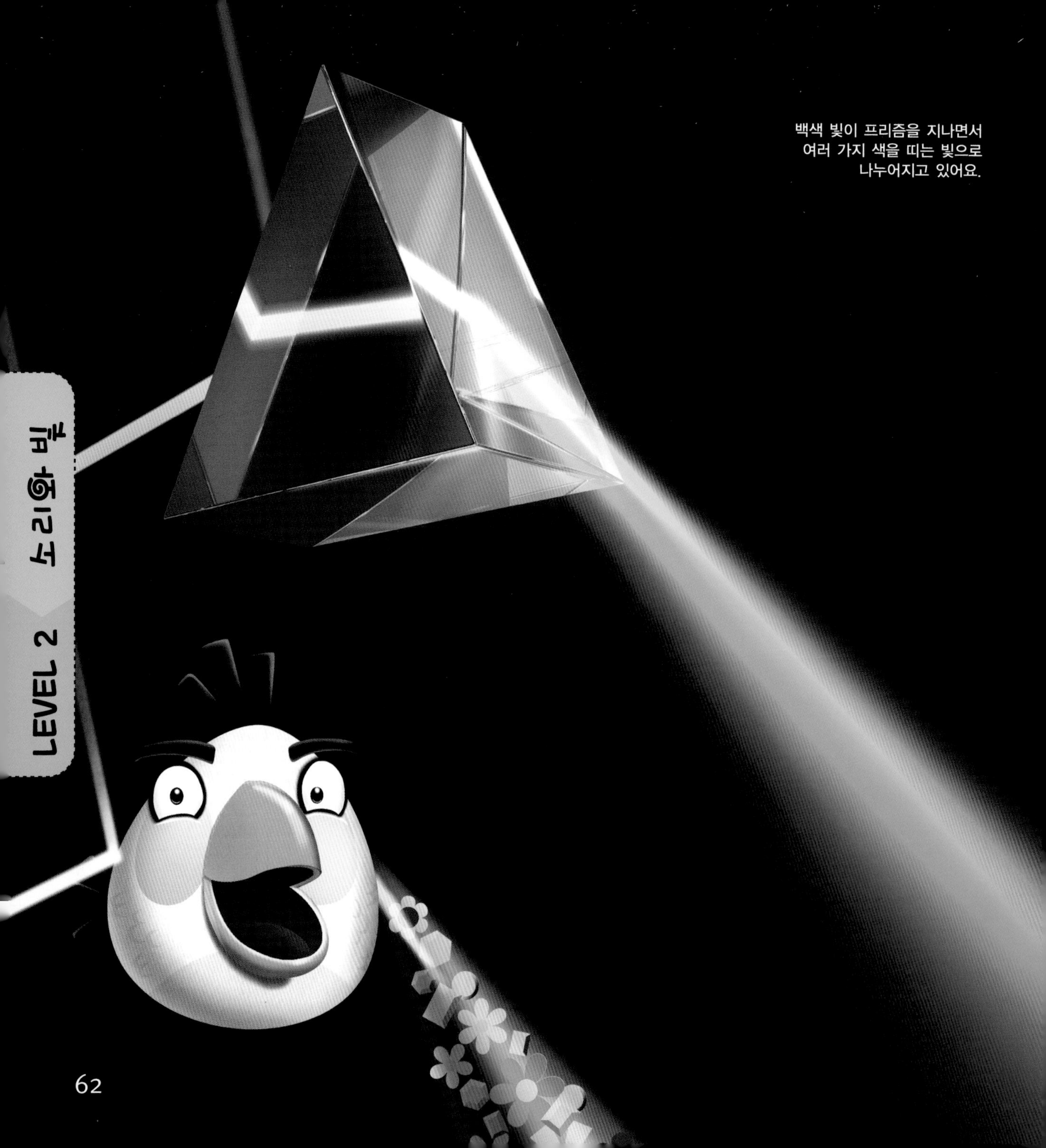

백색 빛이 프리즘을 지나면서
여러 가지 색을 띠는 빛으로
나누어지고 있어요.

빛을 섞어 봐요!

흰빛이 유리를 통과하면 빛이 꺾이는데, 이것을 '굴절'이라고 불러요. 빛이 굴절되면 여러 색의 빛이 다양한 각도로 꺾이지요. 삼각기둥 모양의 유리 조각에 백색광을 쪼이면 빛이 일곱 가지의 무지개 색깔로 나뉘는 모습을 볼 수 있지요. 이 무지갯빛은 일곱 색깔이 하나씩 나뉘어져 있는 것이 아니라, 쭉 이어져 있어요. 그렇지만 우리는 이것이 빨강, 주황, 노랑, 초록, 파랑, 남색, 보랏빛으로 나뉜다고 말한답니다.

빨간 사과는 왜 빨간색일까요?

여러 가지 색깔의 빛을 포함하고 있는 백색광을 사과에 비추면, 사과는 빨간색을 뺀 나머지 빛은 모두 흡수해요. 하지만 빨간색은 흡수하지 않고 반사하므로, 사과가 빨간색으로 보이는 것이지요. 그렇다면 빨간 사과에 파란색 빛을 비추면 어떻게 될까요? 빨간 빛이 포함되어 있지 않은 파란색 빛을 비추면, 사과는 반사해 낼 빨간 빛이 없기 때문에 검은색으로 보인답니다.

물리학 상식

가시광선의 파장은 나노미터 단위예요. 1나노미터가 10억 개 모여야 1미터가 되지요.

빨간색 빛은 파장이 약 650 나노미터예요.

보라색 빛은 파장이 약 400 나노미터지요.

프리즘이나 회절격자를 사용하면 흰색 빛이 여러 원색의 빛들로 쪼개지지요.

무지개

아름다운 무지개는 빛과 작은 물방울이 만나서 만들어지는 것이랍니다. 빛이 공기 중에 있는 물방울과 부딪히면, 빛은 그 물방울 안으로 들어가지요. 그러면 빛이 굴절하고, 그다음 여러 색의 빛으로 쪼개지지요. 이때 빛이 굴절하는데, 빛의 색깔에 따라 굴절하는 정도가 다릅니다. 따라서 빛의 색깔에 따라 나

우리는

무지개가

우리가 무지개를 볼 수 있는 때는 대부분 비가 온 다음이지요? 무지개는 빛이 물방울에 부딪힐 때 생기는 것이므로, 비가 온 다음 무지개가 잘 생겨요.

뉘어지고, 물방울의 반대쪽에서 반사된 뒤 공기 중으로 나간답니다. 그때 우리가 보는 아름다운 일곱 빛깔 무지개가 만들어지는 거예요.

무지개는 하늘에만 생기나요?

무지개를 하늘에서만 볼 수 있는 것은 아니에요. 여러분도 집에서 무지개를 만들어 볼 수 있답니다. 햇빛과 물만 있으면 얼마든지 만들 수 있어요. 마당에 수도꼭지가 연결된 호스가 있다면 더욱 손쉽게 무지개를 만들어 볼 수 있어요. 햇빛이 쨍한 날, 수도꼭지를 틀고 호스로 물을 뿌려 보세요. 그러면 호스에서 뿜어져 나온 물로 물안개가 만들어지고, 이 물방울들이 햇빛에 반짝이면서 아름다운 무지개를 볼 수 있을 거예요.

물리학 상식

해무리는 무지개와 비슷한 기상 현상이에요. 햇빛이 하늘에 떠 있는 얼음 결정에 반사되면 우리 눈에 무지갯빛으로 보인답니다.

빛이 물의 표면 등에 닿으면 반사와 굴절 현상이 일어나요.

빛의 각도를 잘 맞춰서 이리저리 보다 보면 이중 무지개를 볼 수도 있어요!

망원경은 거울로 빛을 반사하거나 렌즈로 빛을 굴절시켜요. 그렇게 해서 그 빛에 초점을 맞추지요.

표범의 눈은
역반사기처럼
작용해요.

역반사기

어두운 밤, 차 안에서 비에 젖은 도로를 본 적이 있나요? 그때 아마도 도로가 잘 보이지 않는 걸 느꼈을 거예요. 왜 그런 걸까요? 우리가 무언가를 보기 위해서는 빛이 눈으로 들어와야 하지요. 그런데 거친 표면에서는 빛이 한 방향으로만 아니라 모든 방향으로 반사되지요. 하지만 물에 젖은 도로처럼 매끄러운 표면에서는 표면에 도달한 각도로 반사되어 나가요. 그래서 우리 눈에 들어오는 빛의 양이 아주 줄어들어서, 우리 눈에 비에 젖은 도로가 잘 보이지 않는 것이랍니다.

어둠 속에서도 앞을 잘 볼 수 있는 방법은 무엇일까요?

빛이 들어온 곳으로 다시 나가게 하면 어두운 곳에서도 잘 볼 수 있겠지요? 이처럼 빛이 들어온 곳으로 바로 다시 나가게 하는 방법은 몇 가지 있어요. 그중 하나가 거울을 사용하는 것이에요. 손전등을 거울에 비추어 보세요. 손전등 빛은 여러분에게 되돌아올 거예요. 하지만 손전등을 비스듬히 기울여서 비추면 어떻게 되나요? 빛이 곧바로 반사되어 오진 않아요. 그래서 어두울 때 도로 상태를 좀 더 확실히 보려면 '역반사기'를 사용하면 돼요. 역반사기는 빛이 들어온 방향 그대로 빛을 반사해 주는 기능이 있답니다. 역반사기를 만들려면 물질의 표면에 작은 유리 조각을 입히는데, 도로의 '멈춤' 표지판을 만들 때에도 이 방법을 쓴답니다.

물리학 상식

- 운동화에도 역반사기가 붙어 있는 경우가 많아요.
- 작은 배가 레이더망에 잘 잡히게 하기 위해서 금속으로 만들어진 큰 역반사기를 써요.
- 달에 착륙한 우주 비행사들은 달 표면에 역반사기를 설치했어요. 이 역반사기는 지구에서 달까지의 거리를 재는 데 사용되지요.
- 어떤 물건을 밤에 더 잘 보이게 하고 싶으면, 역반사기 역할을 하는 테이프를 붙여 놓아요.

LEVEL 3 열역학

열과 열이 역학적 에너지로 변환되는 과정에 대한 연구를 '열역학' 이라고 해요.

레드가 쑥쑥 위로
올라가고 있어요!

놀면서 배우는 물리학

소금을 한 줌 집어서 제일 조그만 알갱이를 살펴보세요. 이 작은 알갱이에도 10억의 10억 배(10^{18})나 되는 개수의 원자가 들어 있답니다.

'물질'이란 무엇일까요?

바윗덩어리를 반으로 쪼개면 작은 바윗덩어리 두 개가 생기지요. 이런 과정을 영원히 반복할 수 있을까요? 그렇지 않답니다. 언젠가는 더 이상 쪼갤 수 없는 알갱이인 '원자'가 남지요. 원자는 너무나 작아서 눈에 보이지 않아요. 작디작은 핀의 날카로운 끝에 원자를 1,000조 개 넘게 늘어세울 수 있답니다. 위에서 원자는 쪼갤 수 없다고 했는데, 이는 반은 맞고 반은 틀린 말이에요. 원자는 구성 요소별로 나눌 수 있어요. 원자는 세 가지의 요소인 양성자, 전자, 중성자로 나뉜답니다.

물질의 상태

물질이 아주 조그만 공으로 이루어져 있다고 상상해 보세요. 물론 이건 모형일 뿐이지만, 아주 쓸모 있답니다. 물을 예로 살펴볼까요? 대부분의 물질들이 그렇듯이, 물은 고체, 액체, 기체의 세 가지 상태로 존재하지요. 보통 우리가 생활하는 온도에서 물은 액체 상태예요. 만약 물 분자를 직접 관찰할 수 있다면, 여러분은 분자들이 서로 단단하게 머무른 상태에서 각자 주변을 돌아다니는 모습을 볼 수 있을 거예요. 만약 이 액체인 물에 뜨거운 열을 가해서 끓이면 어떻게 되나요? 그 물은 하얀 김으로 바뀌기 시작하죠. 김 또는 수증기는 기체예요. 기체 상태일 때 분자들은 더욱 빠르게 움직이고, 분자 사이의 거리가 멀어져요. 액체인 물을 차갑게 두면 어떻게 되나요? 물은 얼어서 딱딱한 고체가 되지요. 고체 상태일 때는 분자들의 거리가 좁아져서 액체 상태일 때와 비슷하지요.

'온도'란 무엇일까요?

액체 상태인 물을 다시 떠올려 보세요. 따뜻한 물과 찬물은 무엇이 다를까요? 여러분이 물을 이루는 분자를 눈으로 볼 수 있다면 찬물과 따뜻한 물은 아주 비슷해 보일 거예요. 큰 차이가 있다면, 따뜻해질수록 물을 이루는 분자들이 더 빠르게 움직인다는 점이랍니다. 작은 공 원자 모형으로 말하면, 온도가 높을 때는 온도가 낮을 때보다 공들이 빠르게 움직이게 되지요.

차가운 음료수를 한 컵 따라서 따뜻한 탁자에 잠시 올려놓아 보세요. 조금 지나면 탁자와 음료수는 같은 온도가 되어 있을 거예요. 탁자와 음료수가 같은 에너지를 갖는 건 아니에요. 단지 온도만 같아질 뿐이죠. 실제로 이것은 온도가 무엇인지 표현하는 한 가지 방법이에요. 온도란 두 물체가 맞닿았을 때 물체들이 서로 나눠 갖게 되는 성질이지요.

두 물체가 같은 온도에 이르렀을 때 우리는 서로 '열적 평형'을 이루었다고 말해요. 온도계도 이 원리를 토대로 작동하지요. 여러분이 온도계를 여러분의 혓바닥 또는 온도를 재고자 하는 물체에 댔다고 생각해 보세요. 얼마 뒤, 온도계는 여러분이 온도를 재고자 하는 물체와 같은 온도에 도달하게 돼요.

또 다른 변화가 동시에 일어나지 않는 한, 열은 절대로 차가운 물체에서 뜨거운 물체로 흐르지 않는다.

-루돌프 클라우지우스

압력, 부피, 온도

부피란 무엇일까요? 넓이와 높이를 가진 물건이 공간에서 차지하는 크기가 바로 '부피' 이지요. 이를 아주 간단하게 줄여 말하면, '어딘가를 채우는 공간' 이랍니다. 하지만 기체의 부피는 이와 다르게, 대개 그 기체가 들어 있는 용기에 따라 정해지지요.

압력이란 무엇일까요? 우리는 보통 압력과 힘을 혼동하는 경우가 많은데, 이 둘은 다르답니다. 둘을 쉽게 비교해 볼까요? 손바닥으로 벽을 밀 때와 같은 힘을 주어 손가락 하나로 벽을 민다고 생각해 보세요. 손바닥이든, 손가락 하나든 주어지는 힘은 같지만, 무언가가 달라졌어요. 그것은 손바닥으로 밀 때보다 손가락 하나로 밀 때는 벽에 닿는 면적이 줄어든 것이지요. 그만큼 압력은 커지는 것이랍니다.

그런데 기체 역시 용기의 표면에 압력을 줘요. 작은 공 원자 모형으로 기체를 나타내 보세요. 기체가 담긴 용기의 벽에 부딪힌 공들이 튕겨 나오는 현상이 바로 압력이에요. 만약 기체의 온도가 올라가면 어떻게 될까요? 공이 용기의 벽에 더욱 세게 부딪히고, 압력은 더욱 올라가지요.

폭탄이가
이걸 다 알고
있는지 궁금할
따름이고!

온도가 아주 높아지면,
폭죽은 '펑' 하고 터져요.

에너지와 온도

온도가 높아지면 물체의 에너지도 높아질까요? 실제로 분자들이 빨리 움직이면 이들의 '운동 에너지'가 높아지지요. 하지만 물체를 이루는 입자들의 운동 에너지가 높아진다 해도, 물체의 '총 에너지'는 그 안에 입자들이 얼마나 많이 들어있느냐에 따라 달라진답니다.

폭죽 불꽃에 화상을 입지 않는 이유는?

축제에 많이 쓰이는 폭죽을 한번 생각해 보세요. 폭죽은 온도가 아주 높아서, 섭씨 1,100도쯤 된답니다. 이 때문에 폭죽 불꽃에 닿으면 크게 화상을 입을 것이라고 생각하지만, 실제로는 그렇지 않아요. 폭죽 불꽃은 온도가 매우 높지만 질량은 아주 작아요. 불꽃 하나하나는 열에너지가 아주 작거든요. 그래서 피부에 닿아도 화상을 입지 않는답니다.

물리학 상식

물은 뜨거운 것을 식힐 때 아주 효과적이에요. 왜냐하면 물체의 온도를 변화시킬 만큼 큰 에너지를 지니고 있기 때문이지요.

철이 녹는 온도는 약 섭씨 1,540도예요.

지구의 대기권에 다시 들어올 때, 아폴로 우주캡슐의 표면은 섭씨 2,760도까지 견뎌요.

물의 온도를 변화시키기 위해서는 같은 질량을 가진 철보다 4배 많은 에너지를 쏟아야 해요.

열에너지

차가운 온도는 몇 도라고 생각하나요? 산들바람이 불어서 기분 좋은 가을 날씨인 섭씨 21도는 차가운 온도라고 생각하지 않지요? 하지만 섭씨 21도의 물은 차가운 물이지요. 그렇다면 왜 같은 온도인데도 물은 차갑게 느껴지고, 공기는 그렇지 않을까요? 그것은 바로 우리 몸이 실제로 춥고 더운 것을 느끼는 것은 온도 때문이 아니라, 열에너지의 변화 때문이라서입니다.

에너지는 더운 곳에서 추운 곳으로 이동할까요, 그 반대일까요?

에너지가 전달되는 속도는 물체의 종류와 온도에 따라서 각기 다르답니다. 온도의 차이가 클수록 열에너지는 빨리 전달되는데, 두 종류의 물체가 맞닿았을 때 열에너지는 언제나 온도가 높은 물체에서 낮은 물체로 이동해요. 탁자에 차가운 음료수 컵을 올려놓을 때도 이런 일이 벌어지는데, 음료수 컵은 주변의 따뜻한 에너지를 받아 열에너지가 늘어나지요.

물리학 상식

칼로리는 어떤 물질 1그램을 섭씨 1도 변화시키는 데 필요한 열을 나타내는 단위예요.

10칼로리의 땅콩이 연소하면 1만 칼로리가 나와요.

멕시코 만류는 유럽 대륙과 가까이에 위치한 북대서양으로 따뜻한 물을 실어 날라요. 그 열기가 공기로 전해져서 유럽 대륙을 따뜻하게 덥힌답니다.

추위를 막기 위한 단열재가
필요하듯이, 사람들은
따뜻한 옷을 껴입어서 몸의
온도를 유지해요.

두 개의 나무 막대기를 서로 문지르면 불씨가 생기는데, 아주 오랜 옛날부터 사용해 왔던 방법이지요.

마찰과 열에너지

움직이는 물체는 모두 운동 에너지를 지니고 있어요. 그러면 어떤 물체가 마찰하면서 점점 속도가 느려진다면 그 에너지는 어떻게 되는 것일까요? 이때 에너지는 사라지지 않고 보존되지요. 그러면 줄어든 운동 에너지는 어디로 간 것일까요? 마찰이 일어나면서 어떤 물체의 속도가 줄어들면, 운동 에너지가 감소하는 대신 열에너지가 증가한답니다.

나무 막대기로 불을 피워 본 적 있나요?

나무 막대기 두 개를 비비면 정말 불을 피울 수 있을지 궁금하지요? 막대기 두 개를 일정한 속도로 계속 비벼 보세요. 그러면 마찰이 발생하면서 막대기에 열이 생겨서 따뜻해져요. 에너지가 계속 전해지는 것이지요. 한참 마찰을 계속하면 신기하게도 불을 피울 수 있을 정도로 뜨거워진답니다.

놀면서 배우는 물리학

열에너지를 알아보기 위해서는 꼭 나무 막대기가 반드시 필요한 건 아니에요. 손바닥을 아주 빨리 비빈 다음 손바닥을 뺨에 대 보세요. 금세 손이 따뜻해졌다는 것을 알 수 있어요.

불

'불' 이란 무엇일까요? 여러분 앞에 불붙은 작은 나뭇조각이 있다고 생각해 보세요. 이 나뭇조각에서 빛과 열에너지 모두 내뿜어지는 것이 확실해요. 그런데 과연 이 열에너지는 어디에서 왔을까요? 나무가 타고 난 재에는 나무를 이루는 물질이 일부 포함되어 있어요. 나무가 타는 동안 나무가 분해되면서 나오는 화학 에너지가 '열' 이라는 모습으로 뿜어져 나오는 것이지요.

불꽃의 색깔은 어떻게 결정될까요?

불꽃의 종류는 두 가지로, 각기 색깔이 달라요. 촛불이나 불타는 나뭇조각을 보면, 작은 검댕 입자에 주황색으로 빛이 번쩍거려요. 이 검댕은 아주 뜨겁고 여느 뜨거운 물체들과 마찬가지로 빛을 내지요. 하지만 가스레인지의 불을 켜 보면 파란색 불이 나와요. 이런 불에는 검댕 입자가 없어서 주황색 불꽃도 보이지 않는답니다.
불꽃의 모양은 어떤가요? 불은 공기를 덥히고, 뜨거워진 공기는 위로 올라가요. 이 움직임 때문에 불꽃도 같이 올라가는 거랍니다. 만약 중력이 없는 곳에서 성냥에 불을 붙이면 어떻게 될까요? 불꽃은 뾰족하게 올라가지 않고 동글동글하게 퍼진답니다.

불이 꺼지지 않고 계속 타려면 연료, 열, 산소의 세 가지가 필요해요.

석탄은 1킬로그램만 태워도 2,400만 줄의 에너지가 나와요.

양초의 심지는 고체 파라핀이 녹아서 액체 파라핀으로 변해 심지를 타고 올라간 뒤, 그것이 다시 산소와 결합해서 불이 꺼지지 않게 해준답니다.

과학자들이 얼음 밑에
메탄 연료를 묻은 다음
태우고 있어요.

폭탄

알프레드 노벨

폭탄 투하!

폭탄은 화를 안 내고 침착해지려고 애써요. 하지만 그런 폭탄도 돼지들이 한 번 모습을 드러내면 분노를 표현하지요. 그래서 폭탄이 일단 폭발하면 그 누구도 쉽게 멈출 수 없어요. 니트로글리세린처럼 불안정하고, 다이너마이트와 똑같은 정도로 주변을 산산조각 내지요. 나쁜 녀석들을 혼내 주는 데는 아마 폭탄이 제격일 거예요. 그러므로 여러분도 폭탄이 폭발할 때는 꼭 안전거리를 지켜 주세요.

$C_3H_5N_3O_9$ (니트로글리세린)

이름: 폭탄

폭탄을 움직이는 것: 자기 안쪽의 압력이 점점 커질 때

제일 좋아하는 작전: 전멸시키기

게임의 물리학: 화합물이 분해될 때 나오는 에너지로 압력파를 내보내요. 이 파동이 주변의 연료를 폭발시키지요.

플라스마

단단하게 잘 언, 아주 차가운 얼음이 있다고 생각해 보세요. 여기에 에너지를 가해 온도를 높이면, 어느 순간 얼음은 녹는점에 도달해 액체인 물로 바뀔 거예요. 그리고 에너지를 계속 가해 주면 액체인 물은 다시 기체로 바뀌겠지요.

수증기를 계속 가열하면 어떻게 될까요?

물의 기체 상태인 수증기에 계속 에너지를 가하다 보면, 어느 순간 그 에너지가 너무 커져서 물속의 수소와 산소가 더 이상 물 분자로 붙어 있지 못하는 때가 오지요. 그러면 이는 각각 수소 원자와 산소 원자로 쪼개지지요. 이 상태에 또 에너지를 더해 주면, 원자 속의 전자들이 자유롭게 풀려나서 물질을 '플라스마' 로 바꾼답니다.

놀면서 배우는 물리학

여러분은 플라스마 물질을 접해 볼 기회가 거의 없었을 거예요. 하지만 우주에서는 플라스마 상태의 물질이 아주 흔해요. 오로라도 플라스마가 나타내는 빛이지요.

우리는 플라스마 공을
통해 플라스마를 안전하게
접할 수 있어요.

얼음&아이스크림

얼음은 여러모로 아주 쓸모가 많아요. 물이 담긴 컵에 얼음을 집어넣으면 어떤 일이 벌어질까요? 결국 얼음이 녹아서 액체 상태인 물로 변하지요. 그런데 이러한 상태로 바뀌려면 에너지가 있어야 하는데, 물이 그 에너지를 주지요. 그래서 얼음이 녹으면 물의 온도가 금세 낮아지는 것이랍니다.

얼음을 더 차갑게 만들 수 있을까요?

얼음의 문제 중의 하나는 얼음을 이용하여 다른 물체의 온도를 0도보다 더 낮게 만들기 어렵다는 점이에요. 사실은 아이스크림을 만들거나 겨울철 도로를 안전하게 하는 데 사용하는 기가 막힌 방법이 있답니다. 얼음에 소금을 치는 것이지요. 그러면 화학 반응이 일어나 두 가지 일을 할 수 있답니다. 첫째는 얼음의 온도를 더 낮추는 작용이지요. 이것 때문에 집에서 아이스크림을 만들 수 있지요. 둘째는 얼음의 녹는 온도를 더 낮추는 효과입니다. 겨울철 얼음이 덮인 길 위에 소금을 뿌리면 온도가 영하이더라도 얼음이 녹게 되지요.

물리학 상식

고체인 얼음을 액체인 물로 바꾸는 데는 에너지가 얼마나 필요할까요? 같은 양의 물을 끓일 때 드는 에너지의 10배가 필요해요.

얼음에 소금을 뿌리면 그 온도가 영하 18도까지 내려가요.

소금을 뿌린 얼음을 잘못 만지면 동상을 입을 수도 있어요.

물이 얼어서 고체가 되면, 물 위에 떠요. 이처럼 고체가 액체보다 가벼운 물질은 '물' 밖에 없어요.

이런, 울지 말아요.
냉동실에 아이스크림이
더 있으니까요.

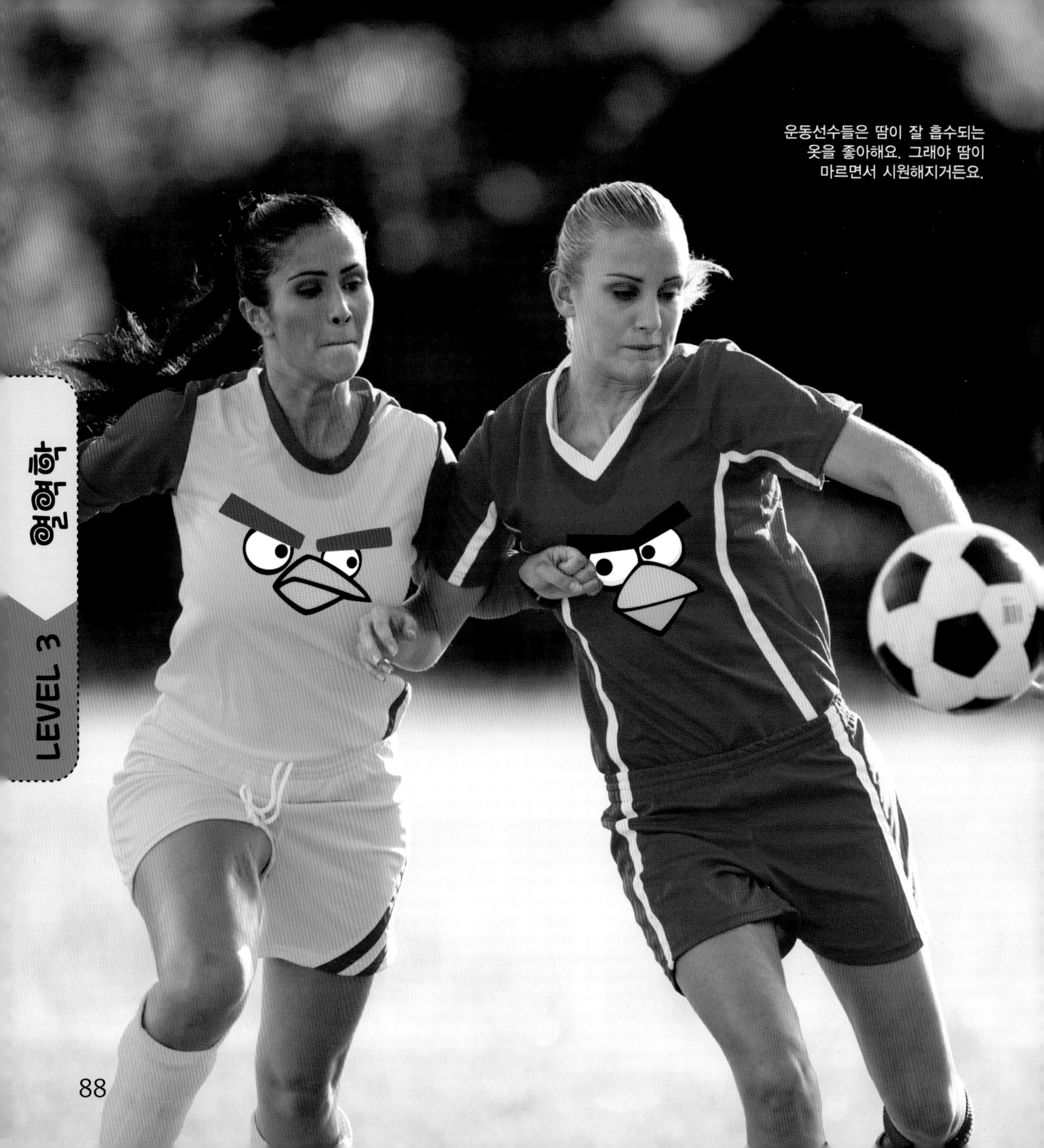

운동선수들은 땀이 잘 흡수되는
옷을 좋아해요. 그래야 땀이
마르면서 시원해지거든요.

땀 흘리는 것을 싫어할 수도 있겠지만, 땀은 우리에게 많은 도움을 준답니다. 땀을 흘리면 우리 몸은 피부로 물을 내보내요. 이 물은 우리 몸의 열에너지를 빼앗아 가는데, 액체가 기체 상태로 바뀌면서 일어나는 현상이지요. 이처럼 열에너지를 잃어버리면 우리 몸은 차가워지지요. 땀이 나면 끈적끈적해서 조금 성가실지도 모르지만, 실제로 몸은 시원해져요.

땀을 흘리면 언제나 시원해질까요?

땀을 흘리고 나면 몸이 시원해지지요. 하지만 그 정도는 습도에 따라 달라져요. 습도가 높으면 공기 중에 수증기가 많아져요. 그러면 우리가 흘린 땀이 전부 증발하지 않고 조금은 우리 몸에 남게 되지요. 이렇게 되면 셔츠가 땀으로 젖은 채 끈적거려서 불쾌해질 거예요. 반대로 공기가 아주 건조하면 여러분이 땀을 흘렸다는 걸 알아채기도 전에 땀이 마를 거예요. 땀이 완전히 증발해서 피부가 보송보송해지거든요. 하지만 더운 날씨에는 습도에 상관없이 땀으로 흘린 수분을 보충하기 위해 물을 충분히 마셔야 해요.

놀면서 배우는 물리학

땀을 증발시켜서 몸을 시원하게 만드는 건 사람뿐만이 아니에요. 젖은 수건을 물병 위에 올려놓아 보세요. 그러면 수건의 물이 증발하면서 물병 안에 있는 물을 시원하게 만들어 줄 거예요.

열팽창

차가운 풍선에 뜨거운 열을 가하면 어떻게 될까요? 풍선 안에 들어 있는 공기를 작은 공이라고 한번 상상해 보세요. 온도가 올라갈수록 풍선 안의 작은 공들은 점점 빨리 움직일 거예요. 빠르게 움직인다는 것은 풍선 벽에 공들이 많이 부딪힌다는 뜻이죠. 그러면 풍선이 부풀어 올라요.

열팽창은 어떤 문제를 일으킬까요?

어떤 물체에 열을 가했을 때 부피가 늘어나는 것을 '열팽창'이라고 해요. 열팽창이 일어나면 문제가 생기기도 하는데, 과연 어떤 문제가 벌어질까요? 아주 뜨거운 여름날, 다리가 열을 받아 점점 팽창한다고 생각해 보세요. 그래서 오늘날에는 이렇게 팽창이 일어날 것에 대비해서 이음매가 있는 다리를 설계한답니다.
열팽창이 유용하게 쓰일 때도 있어요. 이 같은 열팽창의 성질을 이용해서 온도 조절 장치에 길고 가느다란 금속 조각을 설치했지요. 그러면 이 금속 조각이 온도를 탐지해서 에어컨을 켜거나 끌 수 있어요. 온도가 올라가면 금속 조각이 팽창해서 에어컨을 켜는 스위치 역할을 하고, 온도가 내려가면 금속은 다시 원래 크기로 돌아와서 에어컨을 끄지요.

놀면서 배우는 물리학

팝콘을 튀길 때도 열팽창이 쓰여요. 옥수수 알갱이가 빠르게 가열되면 그 안의 물이 수증기가 되지요. 그러면 이 수증기의 부피가 팽창하면서 알갱이를 '펑' 하고 튀겨요.

옥수수 알갱이 속에 든
물이 수증기가 되면서
팝콘이 만들어져요.

마이티 이글

너무 뜨거워!

마이티 이글은 이글이글 불타는 분노의 소유자예요. 온몸이 부글부글 불만으로 들끓고 있어요. 마이티 이글은 패배한 예전 싸움을 되새기고, 알을 지키지 못했던 젊은 시절이 부끄러워서 혼자 숨어서 생활하고 있어요. 산꼭대기에서 홀로 있을 때에는 에너지가 보존되지만, 화가 끓어오르기 시작하면 불똥이 사방으로 튀니까 극도로 조심해야 해요. 마이티 이글이 폭발하는 일은 정말 드물지만, 한 번 화를 내면 뜨거운 열파처럼 커다란 산도 녹여 버릴 기세랍니다.

니콜라 레너드 사디 카르노

$$\triangle L = L_0 \alpha \triangle T$$

이름: 마이티 이글

마이티 이글을 움직이는 것: 침입자와 정어리예요. 정어리는 마이티 이글의 기분을 순식간에 좋아지게 만드는 음식이지요.

제일 좋아하는 작전: 연소

게임의 물리학: 물질은 온도 변화에 비례해서 부피가 변한다.

단열재

남극이나 북극처럼 추운 지방에 사는 포유동물들은 어떻게 살아가는 걸까요? 아마도 온혈 동물을 차가운 눈 옆에 데려다 놓으면 열에너지를 빨리 잃어서 살아남기 어렵겠지요? 대부분의 포유동물의 몸에 털이 난 이유가 바로 추위를 견디기 위해서예요. 털은 열을 따뜻하게 가둬 주는 단열재예요. 단열재는 뜨거운 물체에 있던 열에너지가 차가운 물체로 전파되는 속도를 늦추지요. 털이 있는 동물을 살펴보면, 털은 피부 가까이에 있는 따뜻한 공기를 품어서 단열재 역할을 하지요. 여러분이 겨울에 입는 코트도 이와 마찬가지랍니다.

펭귄은 깃털과 공기로 자연적인 단열재를 만들어요. 사람은 이런 단열재를 갖고 태어나지 않았지요.

담요는 따뜻하기만 할까요?

양털로 만들어진 담요 속에 차가운 음료수를 넣으면 어떻게 될까요? 담요를 덮지 않은 음료수에 비해 더 빨리 따뜻해질까요? 그렇지 않아요. 사실 그 반대랍니다. 왜냐면 담요는 단열재이기 때문이에요. 단열재는 열에너지가 전달되는 속도를 늦춰요. 그러면 이 예에서 담요는 열에너지가 음료수로 전파되는 속도를 늦출 거예요. 음료수의 차가움이 더욱 오랫동안 유지되지요. 이와 반대로 뜨거운 것을 담요 속에 넣으면 더욱 오랫동안 따뜻하답니다.

물리학 상식

잠수복을 입는 것은 물속에서 체온을 잃지 않기 위해서예요.

솜털을 넣은 코트는 공기를 가둬 단열재 역할을 해서 체온을 유지해 줘요.

잠수복은 체온으로 물을 따뜻하게 해 주는 단열재 역할을 해요. 그러면 여러분은 몸을 따뜻하게 지킬 수 있어요. 잠수복의 소재는 여러분의 피부와 잠수복 사이에 들어 있는 물을 따뜻하게 해 주지요.

찬 물체들

얼음이 차갑다는 건 누구나 아는 사실이에요. 얼음의 온도는 0도이거나 그보다 더 낮아요. 우리가 앞에서 얘기했던 소금 뿌린 얼음은 온도가 더 낮지요. 그런데 이보다 더 차가운 것은 없을까요? '드라이아이스'가 고체 상태일 때는 영하 79도 정도 되는 아주아주 차가운 물체이지요.

더더더 차가운 것을 찾아 봐요!

드라이아이스보다 더 차가운 물체 혹은 물질이 과연 우리 생활에 필요할까요? 영하 70도보다 훨씬 낮은 온도에서야 제대로 작동하는 것이 있는데, 그것이 바로 '초전도체'랍니다. 초전도체는 아주 낮은 온도에서 흥미로운 전자기적 성질을 보여요. 굉장히 강한 자기장을 만들기 위해서는 초전도체가 꼭 필요하답니다. 병원에서 사용하는 자기 공명 영상 장치(MRI) 등에 이처럼 강한 자기장이 사용되지요. 대부분의 초전도체는 섭씨 영하 269도에서 작동해요. 드라이아이스와는 비교도 안될 만큼 차갑지요.

물리학 상식

우리가 풍선 안에 넣는 헬륨이 MRI의 초전도 자석을 작동하는 데 쓰여요.

헬륨의 대부분은 여러 종류의 석유에서 얻는답니다.

액체 질소는 액체 헬륨보다 차갑진 않아요. 질소는 섭씨 영하 196도에서 액체가 되지요.

아주 아주 낮은 온도일
때 자석은 초전도 물질
위에 둥둥 떠요.

LEVEL 4 전기와 자기

물체 사이에서 끌어당기는 힘과 전하에 대해 다루는 물리학의 한 분야예요.

극지방 가까운 곳에서
캠핑을 하다 보면
하늘에서 북극광(오로라)을
볼 수 있답니다.

'전기장'과 '자기장'이란 무엇일까요?

자석 두 개를 서로 가까이 가져가 보면, 자석들이 서로 닿지도 않았는데도 밀어내거나 잡아당기지요. 이와 똑같은 일이 전하에서도 일어나요. 풍선을 불어 셔츠에 문지른 다음 머리카락 가까이 가져가면 머리카락이 풍선에 들러붙을 거예요. 왜 그럴까요? 자석이나 전하 모두 '장'이 있기 때문이에요. 자석 두 개를 가까이 두면 자기장이, 전하는 전기장이 만들어져요. 지구에도 역시 중력장이 있답니다.

기본 전하들

우리 주변에 있는 물체들은 모두 세 가지 입자로 구성되어 있어요. 음전기를 띠는 전자와 양전기를 띠는 양성자, 그리고 전기를 띠지 않는 중성자이지요. 대부분의 물체에서 전자와 양성자의 수는 거의 같아요. 그러면 전체적인 전하(어떤 물질이 가지고 있는 전기의 양)는 0이 되어, 중성이 되는 것이지요. 그중 전자와 양성자를 '기본 전하'라고 불러요. 특히 전자는 우리가 가질 수 있는 가장 작은 전하랍니다. 기본 전하라고 부르는 건 바로 그 같은 이유 때문이지요.

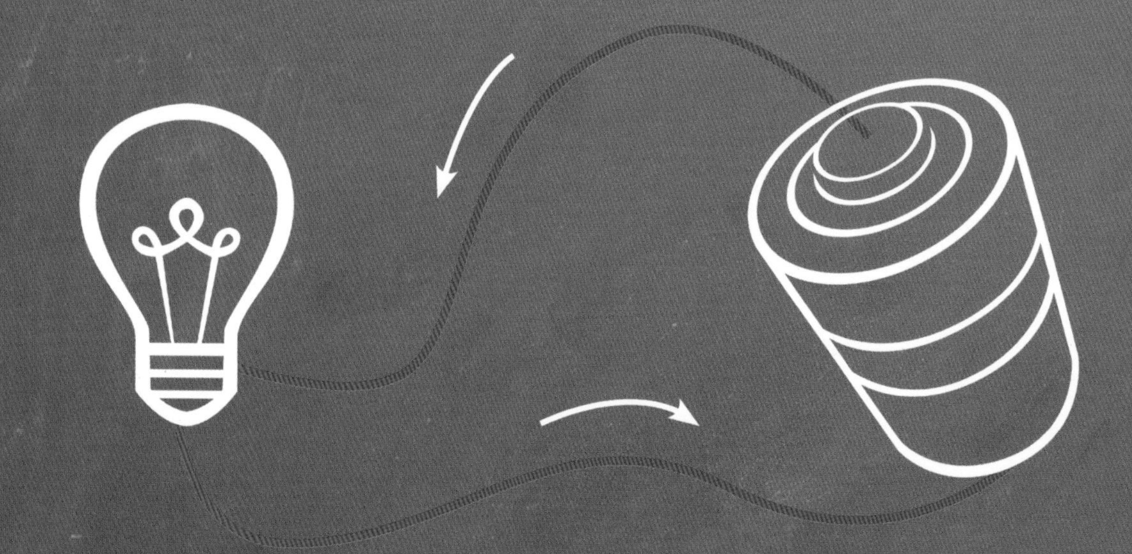

'전류'는 무엇일까요?

손전등의 스위치를 켜면 전구에 불이 들어오지요. 손전등 안에 든 건전지에서 전류가 흘러나와 전구로 들어간 뒤, 다시 건전지로 들어가지요. 여기에서 전류란 음의 전하가 움직이는 것이지요. 물이 흘러가는 모습을 전류와 비교할 수 있어요. 빈 파이프 안에 물이 흘러간다고 생각해 보세요. 이 물이 흘러내려서 물레방아가 돌아간다고 해도 물은 변하지 않아요. 물이 어딘가에 쓰인다고 해서 완전히 없어지는 것은 아니지요. 전류도 이와 똑같아요. 전류로 전구를 켜거나 모터를 돌리지만, 그렇다고 해서 전류가 없어지는 것은 아니니까요.

자석

막대자석을 갖고 놀다 보면, 자석 양 끝에 북극, 남극의 서로 다른 극이 있다는 걸 알아챌 수 있을 거예요. 같은 극끼리는 밀어내고, 다른 극끼리는 끌어당기지요. 자석끼리만 끌어당기는 것은 아니에요. 자석과 다른 물체가 상호 작용을 하는지 실험해 보세요. 자석이 금속 물질을 끌어당기나요? 특히 철과 강철로 된 물질은 자석에 찰싹 달라붙지요. 우리는 이런 물질을 '강자성체'라고 불러요. 하지만 알루미늄이나 구리 같은 물질은 자석에 달라붙거나 끌리지 않는 것을 알 수 있어요.

정전기를 띤 풍선이
고양이 털을 삐죽 서게
만들어요.

정전기

전하를 띤 풍선에는 음전하가 많을까요, 양전하가 많을까요? 답을 찾으려면 어떤 전하를 지녔는지 확실하게 알 수 있는 다른 물체에 갖다 대야 해요. 같은 전하를 띠고 있다면 서로 밀어내고, 다른 전하를 띠고 있다면 서로 달라붙어요.

전하가 전기적으로 중성인 물체 가까이에 가면?

풍선을 여러분이 입은 셔츠에 문질러서 전하를 띠게 한 다음 고양이 옆에 가져가 보세요. 고양이 털이 풍선에 달라붙을 거예요. 고양이 털은 전기적 중성이지만 전하를 띤 풍선에 끌려요. 전하들은 자유롭게 돌아다니는데, 그러다가 양전하가 음전하보다 풍선에 조금 더 가까이 끌리게 되죠. 거리가 가까운 전하들은 서로 더 강하게 상호 작용 해요. 그러면 두 물체 사이에 끌어당기는 힘도 강해지지요.

놀면서 배우는 물리학

종이를 잘게 찢어 탁자 위에 수북이 쌓고, 머리카락에 문지른 플라스틱 펜이나 빗을 종잇조각에 가져가 보세요. 종잇조각이 순식간에 플라스틱 펜이나 빗에 달라붙는 걸 볼 수 있어요.

중력&전기력

앞에서 중력이란, 질량을 지닌 물체 사이의 상호 작용이라고 했지요. 그렇다면 전기력의 정체는 무엇일까요? 전하를 띤 물체들 사이의 상호 작용이 바로 전기력이랍니다. 그렇지만 중력과 전기력은 다음 두 가지 점에서 달라요.

중력이 셀까요, 전기력이 셀까요?

전기적 전하와 질량을 가진 물체의 가장 큰 차이점은 무엇일까요? 전하끼리는 서로 밀어낼 수 있지만 질량이 있는 물체는 끌어당기기만 한다는 점이에요. 왜냐하면 전하는 양전하, 음전하의 두 종류가 있지만, 질량은 한 종류뿐이기 때문이지요. 입자 사이의 전기력의 상호 작용은 중력 또는 만유인력보다 훨씬 세지요. 하지만 우리가 실제로 더 많이 경험하는 것은 중력이에요. 지구 같은 큰 물체가 언제나 우리를 끌어당기고 있으니까요.

물리학 상식

태양이 달을 끌어당기는 중력은, 지구가 달을 끌어당기는 중력보다 더 세요.

1968년, 아폴로 8호에 탄 우주 비행사들은 인류 최초로 지구 궤도를 벗어났어요.

중력과 전기력은 둘 다 '역제곱 법칙'을 따라요. 거리가 멀어질수록 힘이 적어지는 것이지요.

스티로폼 포장 용기에 정전기를 일으키면 공중에 둥둥 떠요. 중력과 균형을 이루거든요.

달이 지구 주위를 도는 것은
만유인력 때문이랍니다.

테런스

소리 없는 강자!

테런스는 과거의 나쁜 기억 때문에 누구와도 말하지 않고 홀로 지내요. 하지만 적들에게는 전기로 감전시키는 것 같은 맹공격을 퍼부어요. 마치 자석에 끌리는 금속처럼 말이에요. 이글이글 타오르는 분노는 엄청난 힘의 장을 만들어요. 아주 조용히 적들에게 다가가므로 테런스를 발견한 적들은 깜짝 놀라지요.

마이클 패러데이

$$E = -n\, d\phi / dt$$

유도 기전력의 크기 → E

코일의 감은 수 → n

자속의 시간 변화율 → $d\phi$

시간 → t

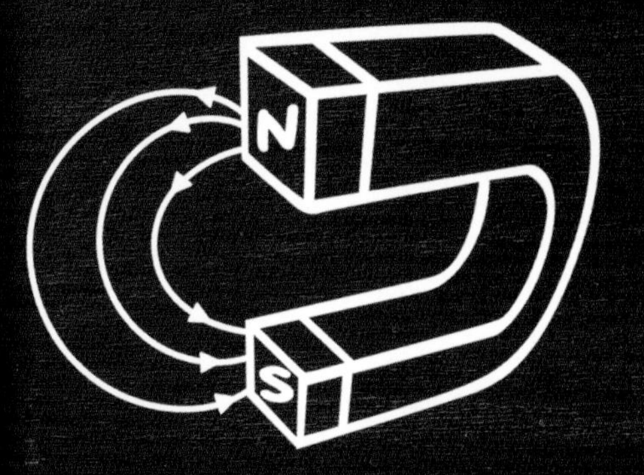

이름: 테런스

테런스를 움직이는 것: 힘을 주는 양전하(동료들)와 화나게 하는 음전하(돼지들)

제일 좋아하는 작전: 약점을 보이지 않기

게임의 물리학: 전선에서 흐르는 전류는 둥그런 자기장을 만들어요. 전류의 방향에 따라 자기장 방향도 달라져요.

전기

안녕, 나는 귀상어야! 지금 먹잇감을 찾으러 돌아다니는 중인데, 물속이 너무 탁해서 앞이 잘 안 보이네. 크하하하, 10미터 앞에 먹이 발견! 난 전기장을 탐지하는 능력이 있거든.

물고기나 동물 근처에 전기장이 있다고요?

많은 동물들은 신경계를 통해 뇌에서 근육으로, 근육에서 뇌로 신호를 전달해요. 신경계에서는 전기를 이용해 신호를 전달하지요. 몇몇 상어나 물고기들은 이런 전기적 신호와 몸 표면을 따라 흐르는 전하를 탐지할 수 있답니다. 한편, 몸에서 전기를 만드는 동물들도 있어요. 전기뱀장어는 건전지 여러 개가 몸에 연결된 것처럼 전기가 흐르지요. 먹잇감을 발견하면 몸에서 전기를 내보내 감전시켜 잡아먹어요.

물리학 상식

전기뱀장어 몸에서 만들어지는 전기는 AAA 건전지 300개를 합친 것과 맞먹어요.

전기뱀장어 말고도 전기가오리, 전기메기도 몸에서 전기를 만든답니다.

1780년대에 갈바니는 해부한 개구리 다리에 전기를 흘려보내는 실험을 했는데, 개구리 다리가 움직였어요.

망치처럼 생긴 귀상어의 머리에는
압력과 전기를 감지하는 센서가
있어서, 먹잇감을 찾아내는 데 큰
도움을 주지요.

아주 큰 고물상에서는
전자석을 이용해서 고철
조각을 모아요.

전류&자석

자석만 자기장을 만드는 것이 아니라, 전류도 자기장을 만들어요. 전선을 둘둘 감아 놓은 것을 전지에 연결시킨 전자석도 자기장을 만들지요. 쇠못에 전선을 감으면 더 좋은 전자석을 만들 수 있는데, 이걸로 클립을 들어 올릴 수도 있어요. 그런데 이때 전선을 끊으면 자기장도 같이 없어져요.

전기와 자석으로 무엇을 할 수 있을까요?

전선을 자석 근처에 가져간다고 생각해 보세요. 만약 이 전선에 흐르는 전류의 방향이 계속 바뀌면 자석은 전선을 밀었다가 끌어당겼다가 할 거예요. 전류가 여러 번 바뀌면 자석의 움직임도 여러 번 바뀌지요. 그다음에는 여기에서 소리가 나요. 이처럼 진동하는 자석은 공기를 밀어내면서 소리를 만드는데, 이것이 바로 스피커의 원리예요.

물리학 상식

고물상에 있는 전자석은 자동차를 들어 올릴 만큼 힘이 세요.

전자석은 1824년에 윌리엄 스터전이라는 사람이 발명했어요.

휴대폰에서 진동이 울릴 때에도 전자석이 쓰여요.

전자석을 만들 때는 '자석 전선'을 사용해요. 코팅되어 있는 이 전선은 전류를 고리 모양으로 만들어서 자기장이 더 강해지도록 만들어요.

자기와 전류

전류로 전자석을 만드는 것처럼, 자석으로도 전류를 만들 수 있어요. 고리 모양의 전선에서 자기장을 변화시키면 전류를 유도할 수 있거든요.

자석과 전선으로 무엇을 할 수 있을까요?

고리 모양의 전선 가까이에서 자석을 계속 빙글빙글 돌린다고 상상해 보세요. 물론 이때 많은 노력이 필요하지요. 사람을 시켜서 돌리거나, 풍차에 달아 바람이 돌리도록 할 수 있답니다. 전기 회사에서 전기를 만들어 내는 과정도 이와 비슷해요. 발전소에서는 회전하는 자석을 사용하지요. 다만, 이 자석을 돌리는 방법이 다를 뿐이랍니다.

물리학 상식

거의 모든 발전소에서 증기로 자석을 회전시켜 전기를 만들어 내요.

화력 발전소에서는 석탄을 태워서 증기를 만들지요.

원자력 발전소에서는 핵반응을 이용해서 증기를 만든답니다.

1821년, 마이클 패러데이는 처음으로 자석과 전기 사이의 관계를 밝혀냈어요.

바람으로 이 커다란 자석을
돌리면 그 안의 고리 모양
전선들이 전기를 만들어 내요.

스마트폰이 없었을 때는
사람들이 길을 찾기 위해
자석이 달린 나침반을
사용했답니다.

커다란 자석, 지구

오랜 옛날, 여행자들은 자철석으로 방향을 찾았어요. 자철석은 암석의 한 종류로, 이것을 줄에 매달아 놓으면 언제나 같은 방향인 북쪽을 가리켜요. 여러분이 어디에 서 있는지 상관없어요. 사람들은 자연에서 구할 수 있는 자철석으로 최초의 자석 나침반을 만들었어요.

나침반 끝이 북쪽을 가리키는 이유는 무엇일까요?

두 개의 자석이 서로 다른 극에 끌리듯, 자석 나침반에도 똑같은 일이 벌어져요. 나침반 안에서 빙빙 회전하는 바늘은 사실 조그만 자석이에요. 이 바늘의 북쪽 끝은 다른 자석의 남극에 이끌려 그곳을 가리킨답니다. 그 다른 자석은 무엇일까요? 바로 거대한 자석인 '지구'랍니다.

놀면서 배우는 물리학

나침반을 철로 된 못이나 바늘 가까이에 가져가 이리저리 움직여 보세요. 그다음 못이나 바늘을 스티로폼 같은 것에 끼워서 물에 띄워 보세요. 어김없이 바늘은 북쪽을 가리킨답니다.

오로라와 태양풍

지구의 자기적 성질을 잘 보여 주는 현상이 하나 더 있답니다. 바로 북극이나 남극에서 볼 수 있는 오로라예요. 이를 각각 북극광, 남극광이라고 하지요. 태양과 지구 사이의 놀라운 상호 작용을 보여 주는 예랍니다.

캐나다 브리티시컬럼비아 주에서 바라본 북극광의 모습이에요.

태양에서 햇빛만 나오는 건 아니에요. 태양은 주기적으로 전기가 하전 된 입자를 방출해요. 대부분은 양성자와 전자들이지요. 이것을 태양풍이라고 해요. 이 하전 된 입자들의 흐름은 본질적으로 전류와 크게 다를 바가 없어요. 전류가 자기장 속에 들어가면 서로 상호 작용을 하지요.

태양풍이 어떻게 빛을 만들어 낼까요?

극지방 근처에서는 지구의 자기장 세기가 아주 강해요. 태양풍에 들어 있는 하전 된 입자가 공기와 상호 작용 할 수 있을 정도예요. 이 하전 된 양성자들이 공기 중의 원자와 충돌하면 빛이 만들어진답니다. 이것은 형광등에서 빛이 만들어지는 원리와 아주 비슷해요. 전등에서 나오는 빛의 색은 그 안에 든 기체의 종류와 등 표면에 입혀진 물질에 따라 달라져요.

블루

뭉치면 살고 흩어지면 죽는다!

둥지에서 막 나온 이 장난꾸러기 3인조는 언제나 모험을 떠나요. 극지방에서 생기는 오로라는 에너지가 충돌하는 예라고 했지요? 이처럼 블루들이 힘을 합치면 앵그리버드들이 활동하는 어두운 하늘을 환하게 밝힐 수 있답니다. 이들은 속도가 빠르고 힘찬 데다 단결력도 끝내주거든요.

크리스티안 비르셸란

절대(캘빈)온도

$1.5 \times 10^6 K$ = 태양풍의 평균 온도

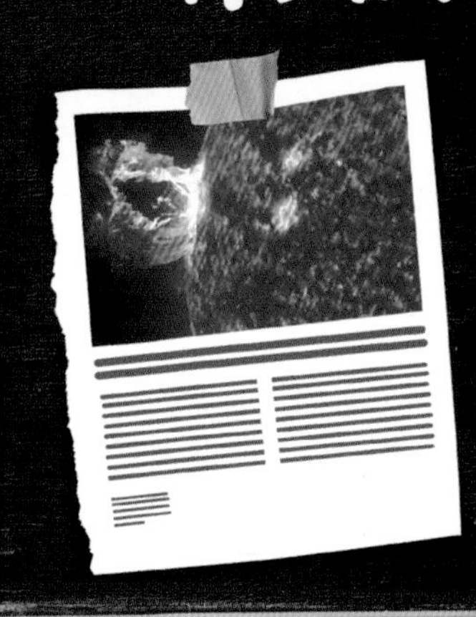

이름: 블루

블루를 움직이는 것: 서로의 존재

제일 좋아하는 작전: 셋이 힘을 합쳐 싸우는 것

게임의 물리학: 속도가 느린 태양풍은 태양의 적도 근처에서 발생돼요. 태양풍이 태양의 중력을 이기고 밖으로 나올 수 있는 것은 그 운동 에너지가 큰 데다 코로나의 온도가 높기 때문이지요.

상하이 자기부상열차는
승객이 이용하는 열차
중에서 가장 빨라요.

자기부상열차

칙칙폭폭 달려가는 기차는 정말 멋지지만, 기차를 빨리 달리게 하는 것은 쉬운 일이 아니에요. 바퀴가 움직이면서 큰 마찰력이 생기거든요. 마찰을 줄이는 가장 획기적인 방법은 바퀴를 아예 없애는 것이지요. 궤도와 바퀴가 닿는 일이 없으니 마찰이 생기지 않겠지요?

어떻게 바퀴 없는 열차를 만들까요?

자석 두 개를 같은 극끼리 마주 보게 하면 서로 밀어내지요. 자기부상열차가 궤도 위를 다닐 때에도 똑같은 일이 일어나지요. 열차가 궤도에 닿지도 않고 둥둥 떠 있어요. 그렇다면 이 열차는 어떻게 속도를 낼까요? 자기부상열차는 전자석을 이용해 열차를 궤도 위로 떠오르게 하는 것은 물론, 그것으로 속도를 내거나 조절하지요. 궤도를 따라 코일 여러 개를 붙여 놓으면 전류가 그 사이로 흐르고, 열차 맨 앞에 있는 전자석이 열차 안에 있는 자석을 끌어당겨요. 열차 뒤쪽에 있는 전자석은 앞쪽의 자석을 밀어내지요. 그러면 열차가 움직인답니다. 전자석을 사용하는 이 열차는 에너지를 덜 쓰지요.

놀면서 배우는 물리학

나만의 자기부상열차를 만들어 보세요. 자기테이프와 작은 세라믹 자석만 있으면 돼요. 플라스틱 빗물받이같이 옆에 벽이 있는 궤도를 구해서 궤도를 따라 자기테이프를 붙여요. 그리고 작은 세라믹 자석을 궤도 위에 올려놓아요.

끝이 몽톡한 다트핀에는
자석이 붙어 있어서 던졌을 때
자석 다트판에 찰싹 달라붙어요.

자성체

철로 만들어진 물체는 자석 같은 성질을 띨 때가 있어요. 왜 그럴까요? 그것은 '자성 영역'이라는 것과 관련되어 있답니다. 어떤 철 조각이 아주 조그만 자석들로 이루어져 있고, 이 조그만 자석들이 모두 같은 방향으로 줄지어 있다면 어떻게 될까요? 그러면 이 철 조각은 자석의 성질을 띠게 된답니다.

조그만 자석은 어떤 성분일까요?

이 조그만 자석들은 사실 철을 이루는 원자예요. 그런데 원자 안에는 전자가 들어 있어서 이 전자가 자기장을 이루는 작은 전류의 고리처럼 작용해요. 구리 같은 다른 금속에서도 전자들은 자기장을 형성해요. 하지만 이런 금속에서는 전자들의 배열이 자기장의 힘을 거의 없어지게 만든답니다.

놀면서 배우는 물리학

철 조각이나 강철못 안의 자성 영역을 한 줄로 늘어세울 수 있어요. 자석으로 못의 머리에서 끝까지 문질러 보세요. 그러면 이 못도 약한 자성을 띤 자석이 될 거예요.

금속 탐지기

'금속 탐지기'는 땅의 표면 가까이에 묻혀 있는 금속성 물체를 찾아내는 기계예요. 그런데 이 기계는 어떻게 금속을 찾아내는 걸까요? 일반적인 금속 탐지기는 도선을 둘둘 감은 코일 두 개로 이뤄져 있어요. 한 개의 코일에는 진동하는 전류가 흐르고 있지요. 이 진동하는 전

금속 탐지기로
모래사장 속에 묻힌
보물을 찾을 수 있어요.

류는 진동하는 자기장을 만들어 내요. 그다음 전기가 흐르는 물질 가까이에서 자기장을 변화시키면 전류가 만들어지고, 이 전류에서 저절로 자기장이 만들어진답니다.

금속 탐지기는 어떻게 금속을 찾아낼까요?

탐지기 안에 있는 두 번째 전선 코일은 땅속에 묻힌 금속 조각에서 유도된 자기장을 찾아내는 역할을 하지요. 금속 탐지기는 전류를 흐르게 하는 전도체는 무엇이든 탐지해 낼 수 있답니다. 다시 말해, 거의 모든 금속을 찾아낼 수 있어요. 자성체인 철만 찾는 게 아니고요. 잘만 하면 금속 탐지기로 땅속에 숨겨진 보물을 찾아 부자가 될 수도 있지요.

물리학 상식

금속 탐지기는 운석을 찾는 데도 흔히 쓰여요. 흙 성분이 많은 바위에는 대부분 금속이 들어 있지 않지만, 운석에는 철이 많이 들어 있어요. 철은 전기가 통하기 때문에 금속 탐지기로 찾아낼 수 있지요.

LEVEL 5 입자 물리학

물질이나 복사 에너지의 기본 입자를 관찰하는 과학의 한 분야예요.

안드로메다은하는 지구에서 약
250만 광년 떨어져 있어요.

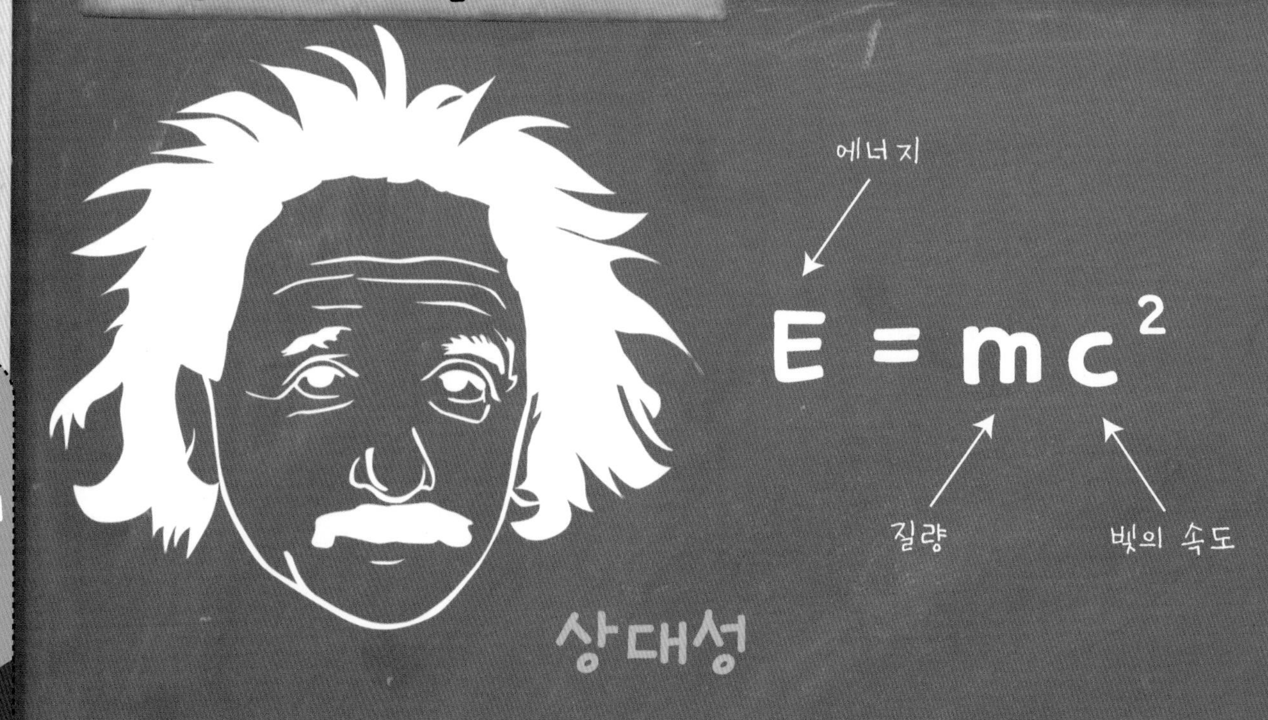

상대성

어떤 물체가 아주 빠른 속도로 움직이면 우리는 그 물체에 대해 이전과는 다른 방식으로 생각해야 해요. 만약 관찰자가 움직이지 않고 멈춰 있는 상태라면 그 물체가 어떻게 보일까요? 관찰자가 그 물체와 나란히 움직이면서 관찰할 때와는 다르게 보여요. 빠르게 움직이는 물체에서는 시간이 느리게 흐르고, 거리와 질량도 다르게 측정되지요. 이런 결과가 나타나는 것을 '상대성'이라고 해요. 관찰자가 움직이는 속도에 따라 시간, 에너지, 질량이 모두 바뀌지요.
그런데 물체가 얼마나 빨라야 이런 현상이 일어날까요? 물체는 아무리 빨라도 빛의 속도(초속 3억 미터 또는 초속 30만 킬로미터)를 넘어설 수 없어요. 질량을 가진 물체는 빛보다 빨리 움직일 수 없으며, 사실 빛의 속도와 비슷해지기도 힘들어요. 상대성 이론의 효과를 알아채려면 물체의 속도가 빛 속도의 10분의 1은 되어야 한답니다.

엄청나게 작은 것들을 관찰하기

우리 눈으로 볼 수 없는 것들이 참 많아요. 하지만 돋보기나 현미경을 이용하면 우리 눈으로 볼 수 없던 아주 작은 것들까지 자세히 볼 수 있어요. 돋보기로 사람의 머리카락을 관찰하면 눈으로는 볼 수 없던 아주 작은 것들까지 자세히 볼 수 있어요. 현미경으로는 머리카락을 이루는 세포를 관찰할 수도 있지요. 그러면 현미경으로 세포를 이루는 분자를 볼 수 있을까요?

우리가 맨눈이든, 돋보기든, 현미경을 통해서든 무언가를 관찰할 수 있었던 것은 빛의 가시광선을 통해서였지요. 하지만 분자 같이 아주 아주 작은 것은 가시광선으로는 볼 수 없어요. 가시광선은 분자를 하나씩 반사시키지 못하기 때문이지요. 그렇기 때문에 이러한 것들을 관찰하려면 다른 기술이 필요해요. 전자 현미경은 가시광선 대신 전자의 흐름을 이용해서 아주 작은 것들을 확대해 줘서 우리가 분자를 관찰할 수 있어요.

자연의 집짓기 블록들은?

장난감 블록으로 성이나 자동차, 로켓을 만들어 본 적 있나요? 이 블록들은 무엇으로 이루어졌나요? 블록의 재료에 따라 답이 달라지겠지요. 알루미늄 블록이라면 알루미늄 원자로 이루어지지요. 플라스틱 블록이라면 다양한 분자들의 조합으로 이루어졌을 거예요. 플라스틱을 이루는 분자들은 여러 원자로 구성되어 있는데, 대부분은 탄소 원자예요. 원자를 쪼개면 전자, 양성자, 중성자가 나오는데, 우리가 접하는 물질은 모두 이 세 가지 입자로 만들어졌어요. 그러면 전자를 더 쪼갤 수 있을까요? 지금까지 밝혀진 바에 따르면 전자는 더 작은 입자로 쪼개지지 않는 '근본 입자'랍니다. 하지만 양성자와 중성자는 '쿼크'라는 더 작은 조각으로 쪼개질 수 있어요.

돼지들을
무찌르려면 강한
핵력 정도는
필요해!

우주에 존재하는 기본적인 4가지 힘

우리는 앞에서 전자기력과 만유인력을 살펴보면서 기본 상호 작용에 대해 알아보았어요. 하지만 근본적인 힘은 두 가지가 더 존재한답니다. 하나는 약한 핵력이에요. 중성자 붕괴 같은 현상에서 이 상호 작용을 볼 수 있죠. 고립된 중성자는 반응을 거쳐 양성자, 전자, 그리고 또 다른 근본 입자인 뉴트리노로 바뀔 거예요. 또 다른 근본적 힘은 강한 핵력이에요. 헬륨 원자의 핵을 예로 살펴볼까요? 헬륨 원자 안에는 양성자 두 개와 중성자 두 개가 들어 있어요. 두 개의 양성자는 서로 아주 가까이 있는데다가, 동일한 양전하를 가지기 때문에 서로 밀어내려는 전기력이 아주 강하지요. 그런데도 두 양성자가 밀쳐내지 않고 같이 묶여 있는 이유는 이보다 더욱 센 힘이 둘을 결합시키고 있기 때문이에요. 이 힘이 바로 강한 핵력이랍니다. '하드론' 이라고 불리는 입자들 사이에서 상호 작용하는 힘이지요. 양성자와 중성자 모두 하드론이에요.

우리 은하를
그림으로
나타냈어요.

커다란 우주

소금 결정의 크기는 무척 작아요. 원자의 크기는 더 작지만, 말로는 얼마나 작은지 제대로 표현하기 어려울 정도이지요. 아주 큰 것에 대해 말할 때에도 마찬가지예요. 지구는 아주 크지요. 태양계는 그보다 훨씬 커요. 그러면 은하는 얼마나 더 클까요?

아주아주 작은 것과 아주아주 큰 것

원자의 크기를 말할 때는 미터나 센티미터가 아닌 '나노미터' 라는 단위를 사용해요. 1나노미터를 10억 번 더해야 1미터가 된답니다. 원자의 폭은 약 0.1나노미터예요. 이와는 다르게 아주 큰 것에 대해 얘기할 때는 '광년' 이라는 단위를 써요. 1광년은 빛이 1년 동안 여행하는 거리예요. 빛은 1초에 3억 미터를 가기 때문에, 1광년은 9,000조 미터가 되지요.

아주 큰 것을 표현하는 또 다른 방식은 과학적인 표기를 사용하는 거예요. 10에 0이 몇 개나 붙는지 그 개수를 10의 어깨 위에 작은 숫자로 적으면 돼요. 예를 들면 100만은 1×10^6과 같이 나타내요.

빅뱅

도플러 효과가 무엇인지 기억하나요? 앞에서는 도플러 효과를 음파로 설명했지요. 하지만 이것을 빛에 적용해서 설명할 수도 있어요.
우리 앞에 있던 어떤 물체가 아주 빠른 속도로 멀어진다면, 이 물체에서 나오는 빛은 파장이 길어지는 것처럼 보여요. 이것을 '적색편이' 라고 불러요. 반대로 물체가 우리 쪽으로 다가오면 빛의 파장이 짧아져요. 이것은 '청색편이' 로 부르지요.

은하는 어떻게 움직일까요?

1929년, 에드윈 허블은 은하와 적색편이의 관계를 발견했어요. 대부분의 은하는 우리에게서 점점 멀어지고 있다는 것이지요. 또한 우리와 더 멀리 떨어진 은하일수록 적색편이의 정도는 더 커지지요. 이것은 다시 말해서 우주가 팽창한다는 사실을 보여주는 것이지요. 우주가 팽창하고 있다면, 과연 우주의 시작은 어땠을까요? 언제, 어디서인가는 모르지만 시작점이 있었겠지요? 이러한 우주의 시작을 '빅뱅' 이라고 부른답니다.

놀면서 배우는 물리학

풍선으로 우주의 팽창을 알아볼 수 있어요. 사인펜으로 풍선에 점을 찍어 보세요. 그리고 풍선을 불어 보세요. 풍선이 커질수록 점들 사이의 거리는 점점 멀어질 거예요. 우주가 팽창하면서 모든 것이 서로 멀어지는 것과 비슷하지요.

우주 배경 복사란 무엇일까요?
빅뱅 직후에 만들어진, 관찰 가능한
우주를 채우는 열복사를 말해요.

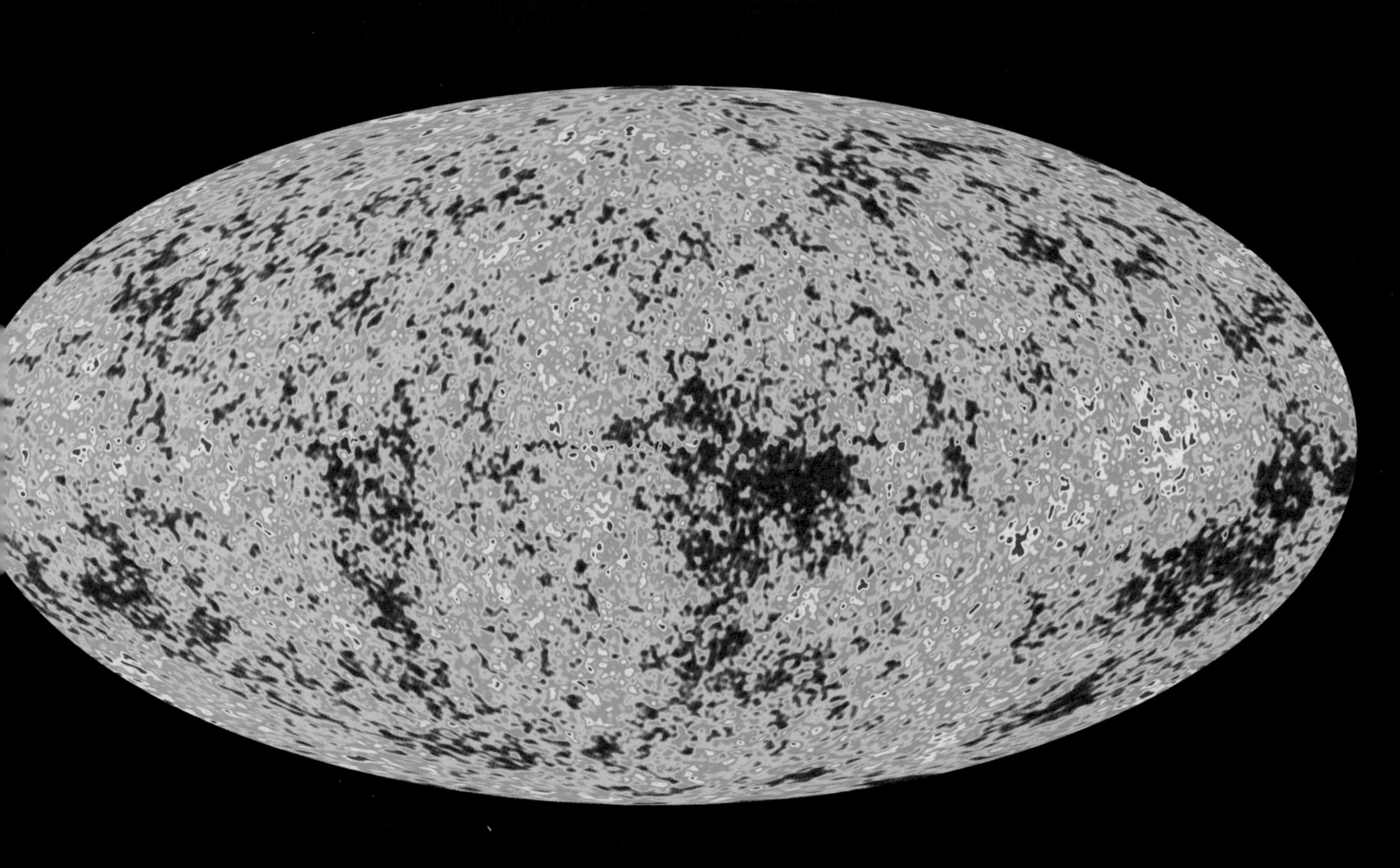

카리나 성운이에요.
우주를 떠다니는 기체들의
거대한 구름이지요.

우주 물질들

우주를 이루는 모든 원소들을 조사해 보니, 가장 많은 원소는 수소이고, 그다음은 헬륨이었어요. 물질을 이루는 가장 기본적인 원소들이지요.

다른 원소들은 어떻게 만들어질까요?

모든 원자핵은 양성자와 중성자로 이루어져요. 하지만 이들을 서로 가까이 묶어 두기 위해서는 강한 핵력이라는 힘이 필요하지요. 물론 이 과정은 그리 쉽지 않답니다. 양성자를 하나씩 계속 넣어 원소를 합성할 수도 있지만 이 과정을 언제까지고 반복할 수는 없어요. 원자 안에 양성자를 26개 집어넣으면 철 원소가 돼요. 그런데 이때 필요한 에너지는 금이나 플루토늄 같은 더 무거운 원소를 만들 때 필요한 에너지와 크기가 비슷해요. 그러면 이런 에너지를 어디서 가져올까요? 큰 별이 폭발할 때 생기는 에너지 등 우주에서 일어나는 큰 사건을 통해 얻는 것이지요.

물리학 상식

수소와 헬륨 다음으로 우주에서 흔한 원소는 탄소와 산소예요.

지각에서 가장 흔한 원소는 산소예요.

대기권에서 가장 흔한 원소는 질소이지요.

주기율표에서 모든 원소들을 찾아볼 수 있어요.

강입자 충돌

양성자의 구조를 어떻게 알 수 있을까요? 양성자는 어떤 현미경으로도 볼 수 없을 정도로 아주 아주 작아요. 그래서 과학자들은 '강입자 충돌기(LHC)' 라는 장비를 사용하지요. 강입자 충돌기는 유럽 입자 물리학 연구소(CERN)에서 운영해요. 강입자 충돌기에서는 물질이나 입자를 광속에 가까운 속도로 충돌시킴으로써, 새롭게 만들어진 입자를 관찰한답니다.

입자를 빠른 속도로 만든다고요?

강입자 충돌기는 입자가 띠는 전하를 이용해서 가속도를 내지요. 하지만 이렇게 하면 하드론 입자들이 너무 빨라져서 우리가 관찰하려는 장소를 벗어나 버리기 십상이에요. 이 문제를 해결하기 위해서는 하드론을 강입자 충돌기의 원형 가속기 안에서 몇 번이고 돌려야 해요. 강입자 충돌기는 커다란 초전도 자석을 이용해서 둘레가 27킬로미터인 원형 경로 안에서 입자를 돌린답니다.

물리학 상식

강입자 충돌기는 1,500개 이상의 초전도 자석을 사용해요.

강입자 충돌기의 자석을 가동하려면 섭씨 영하 271도의 온도가 필요해요.

CERN에 있는 강입자 충돌기의 대부분의 빔은 지하 90미터에 있습니다. 프랑스와 스위스 국경을 지나지요.

유럽 입자 물리학 연구소는 세계 최초로 힉스 입자의 존재를 증명했지요.

이 커다란 장치는
유럽 입자 물리학 연구소의
입자 탐지기예요.

블랙홀 가까이 간
물체는 아 그림처럼
될 거예요.

블랙홀

대부분의 별은 밀고 당기는 힘의 균형을 잘 맞춰요. 별의 중력은 계속해서 물질을 안쪽으로 끌어당기려고 하지요. 쭈그러들어서 아무것도 안 남을 때까지요. 하지만 별의 중심은 핵융합 때문에 아주 뜨거워요. 이 뜨거운 물질 때문에 바깥으로 나가려는 압력이 생겨요. 그래서 별은 완전히 쭈그러들지 않는 거예요. 하지만 별이 핵융합을 멈추면 어떻게 될까요? 더 이상 내부의 압력으로 중력과 균형을 맞출 수 없게 되어 별은 붕괴하고 말아요. 이런 과정에서 몇몇 별들은 블랙홀이 된답니다.

블랙홀은 왜 까맣지요? 정말 구멍이 있나요?

만약 방해물이 없다면, 중력은 별을 폭이 3.2킬로미터쯤 되는 조그만 마을 크기로 수축시킬 수 있어요. 그런데 이 크기에서는 중력장이 매우 강해져서 아무것도, 심지어는 빛까지도 빠져나갈 수 없을 정도가 돼요. 그래서 빛이 빠져나가지 못하므로 까맣게 보이는 거랍니다. 그런데 이름과는 달리 블랙홀은 실제로 구멍이 있는 것은 아니고, 밀도가 아주 높은 것뿐이랍니다.

물리학 상식

블랙홀의 질량은 태양 정도이고, 폭은 겨우 6.5킬로미터 정도예요.

블랙홀 근처의 중력장은 엄청나게 강해요. 빛이 휘어질 정도이지요.

우리 은하의 중심에는 매우 커다란 블랙홀이 있을 가능성이 높아요.

과학자 스티븐 호킹은 블랙홀이 천천히 증발한다고 주장해요.

투명한 튜브에 들어 있는
여러 기체들이 네온사인의
다양한 색깔을 내지요.

여기 있는 게
진짜 가스야!

에너지 준위

네온사인은 다른 데서는 흔히 볼 수 없는 독특한 오렌지 빛을 내요. 관 안에 든 네온 기체에 빠른 속도의 전자가 부딪히면서 나오는 빛깔이에요. 전자가 네온 원자와 상호 작용 하면 네온은 에너지 준위가 높아져요. 그러면 네온 원자는 빛을 내보내면서 에너지 준위를 다시 낮추지요. 에너지 준위란, 원자나 분자가 가지는 에너지의 값이에요.

다른 기체들도 같은 현상이 나타날까요?

네온 기체를 다른 기체로 바꾸어도 같은 현상이 나타날까요? 수소 기체로 바꿔도 비슷한 현상이 벌어지지만, 색깔은 달라지지요. 왜 그러냐고요? 원자 안에는 전자들이 양성자를 둘러싸고 있는데, 이 전자들은 에너지 수준이 각각 달라요. 그래서 어떤 전자가 에너지 수준을 낮추면 고유의 색이 나오는 거랍니다.

놀면서 배우는 물리학

여러 물체들이 내보내는 빛의 색깔을 살펴보세요. 그러면 그 안에 어떤 원소가 있는지 알 수 있기에, 별 가까이 가지 않고도 그 별의 구성 성분을 알 수 있어요.

핵반응

1905년, 아인슈타인은 질량과 에너지 사이의 관계를 밝혀냈어요. $E=mc^2$(E는 에너지, m은 어떤 물질의 질량, c는 빛의 속도)이지요. 이 방정식에 따르면 에너지는 질량에 빛의 속도 제곱을 곱한 값과 같아요.

어떻게 하면 질량을 에너지로 바꿀 수 있을까요?

질량이 에너지로 바뀔 수 있다고 해서, 질량을 가진 아무 물체나 에너지로 바꿀 수 있는 건 아니에요. 야구공을 당장 에너지로 바꿀 수는 없거든요. 하지만 우라늄 같은 원자를 에너지로 바꾸어 사용할 수는 있어요. 중성자가 우라늄 원자를 때리면 원자는 두 개의 작은 원자로 쪼개지는데, 이상하게도 처음 우라늄 원자보다 적은 양이 만들어져요. 나머지 질량은 에너지로 바뀌는 것이지요. 원자력발전소의 원자로에서 바로 이런 과정이 일어나요. 이렇게 생긴 에너지로 증기를 만들어서 발전소의 터빈을 돌리면, 전기가 만들어지는 거예요.

물리학 상식

- 원자로에서 모든 재료가 에너지로 바뀐다면, 겨우 1그램만으로도 1년 내내 3메가와트(300만 와트)의 전기를 생산할 수 있어요.
- 핵이 작은 조각으로 쪼개지는 것을 '핵분열'이라고 해요.
- 핵의 질량이 작을 때, 원자를 합쳐서 에너지를 얻는 것을 '핵융합'이라고 하지요.
- 세계 최초의 원자력 발전소는 1951년, 미국 아이다호 주에 세워졌어요.

미국 워싱턴 주에 있는
원자력 발전소의
냉각탑이에요.

자기장 속에서 전기를 띤
입자가 움직이면서 이처럼
동그란 궤도가 그려져요.

반물질

전자는 음의 전하를 띤 조그만 입자예요. 그런데 전자와 아주 비슷하지만 전자와는 다르게 양의 전하를 띤 입자도 존재하는데, 이를 '양전자' 라고 해요. 양전자는 전자의 반물질이에요. 다른 입자에도 반물질이 있는데, 양성자의 반물질은 '반양성자' 예요. 이처럼 우리가 흔히 보는 입자와 질량이 같고 전하가 반대인, 기본 입자로 이루어진 물질을 '반물질' 이라고 해요.

반물질이 물질을 만나면 어떤 일이 벌어질까요?

양전자를 전자 가까이에 가져가면, 전하가 서로 반대이므로 한없이 이끌릴 거예요. 그래서 이 두 입자가 만나면 소멸되어 버리는데, 두 개의 입자가 엄청난 양의 에너지를 내면서 사라지지요. 이를 '쌍소멸' 이라고 불러요.

그러면 우주가 처음 시작되던 때로 되돌아가 볼까요? 빅뱅이 일어나면서 물질과 반물질이 같이 만들어졌을 거예요. 하지만 지금 우리 주위에는 반물질은 없고, 물질만 남아 있어요. 왜 그런 걸까요? 정확한 이유는 아직도 잘 모른답니다. 여러분이 이 수수께끼를 풀어 줄 과학자가 되어 주세요.

물리학 상식

2010년 한 해 동안 미국은 27,000 테라와트-시가 넘는 전기 에너지를 사용했어요.

만약 이 세상의 에너지가 전부 반물질 소멸에서 왔다면, 100그램의 반물질만 있어도 충분할 거예요.

바나나에는 방사능을 가진 칼륨이 들어 있어요. 이 칼륨이 붕괴하면 양전자를 만들어 내지요.

2010년, CERN(유럽 입자 물리학 연구소)은 반양성자와 양전자를 결합해 반-수소 원자를 만드는데 성공했어요.

암흑 물질

인류는 우주에 대한 중요한 수수께끼를 전부 풀었을까요? 전혀 그렇지 않아요. 우리가 우주에 대해 알고 있는 사실은 아주 아주 적어요. 인류는 은하를 관찰하면서 우주에 대해 잘 모르고 있었다는 것을 새삼 깨닫게 되었지요. 천문학자들은 우주에 우리가 설명할 수 없는 정체 모를 질량이 있다고 생각하는데, 그것이 바로 '암흑 물질'의 질량이에요.

암흑 물질이란 무엇일까요?

은하의 엄청난 질량을 채우고 있는 물질이 무엇인지 확실하게 대답할 수 있는 사람은 아무도 없어요. 다만 우주의 표준 모형에 존재하는 입자들의 대칭이 되는 쌍입자가 존재할 것이라고 추측하기도 하지요. 표준 모형이란, 물질과 그 상호작용에 대한 이론으로, 근본 힘들의 상호 작용과 쿼크, 렙톤 같은 입자들이 포함되지요.

물리학 상식

표준 모형에 따르면 12가지의 기본 입자와 4가지의 근본 힘이 존재해요.

기본 입자 중에서는 뮤온이나 참 쿼크 같이 멋진 이름을 가진 것도 있어요.

암흑 에너지는 우주의 팽창 원인으로 여겨지는 이론적인 에너지에요.

암흑 물질은 우주에 존재하는 물질의 23퍼센트를 차지해요.

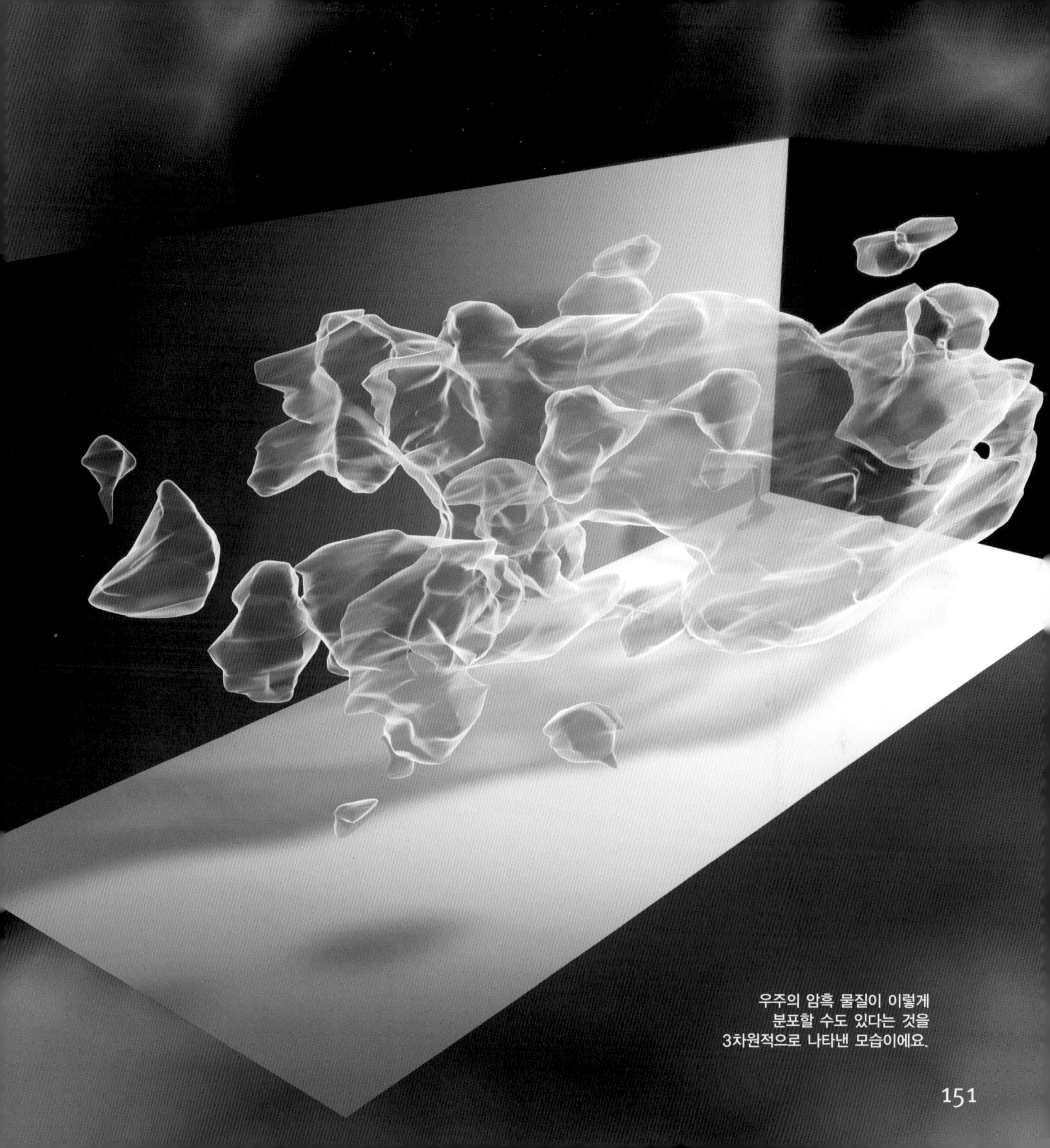

우주의 암흑 물질이 이렇게
분포할 수도 있다는 것을
3차원적으로 나타낸 모습이에요.

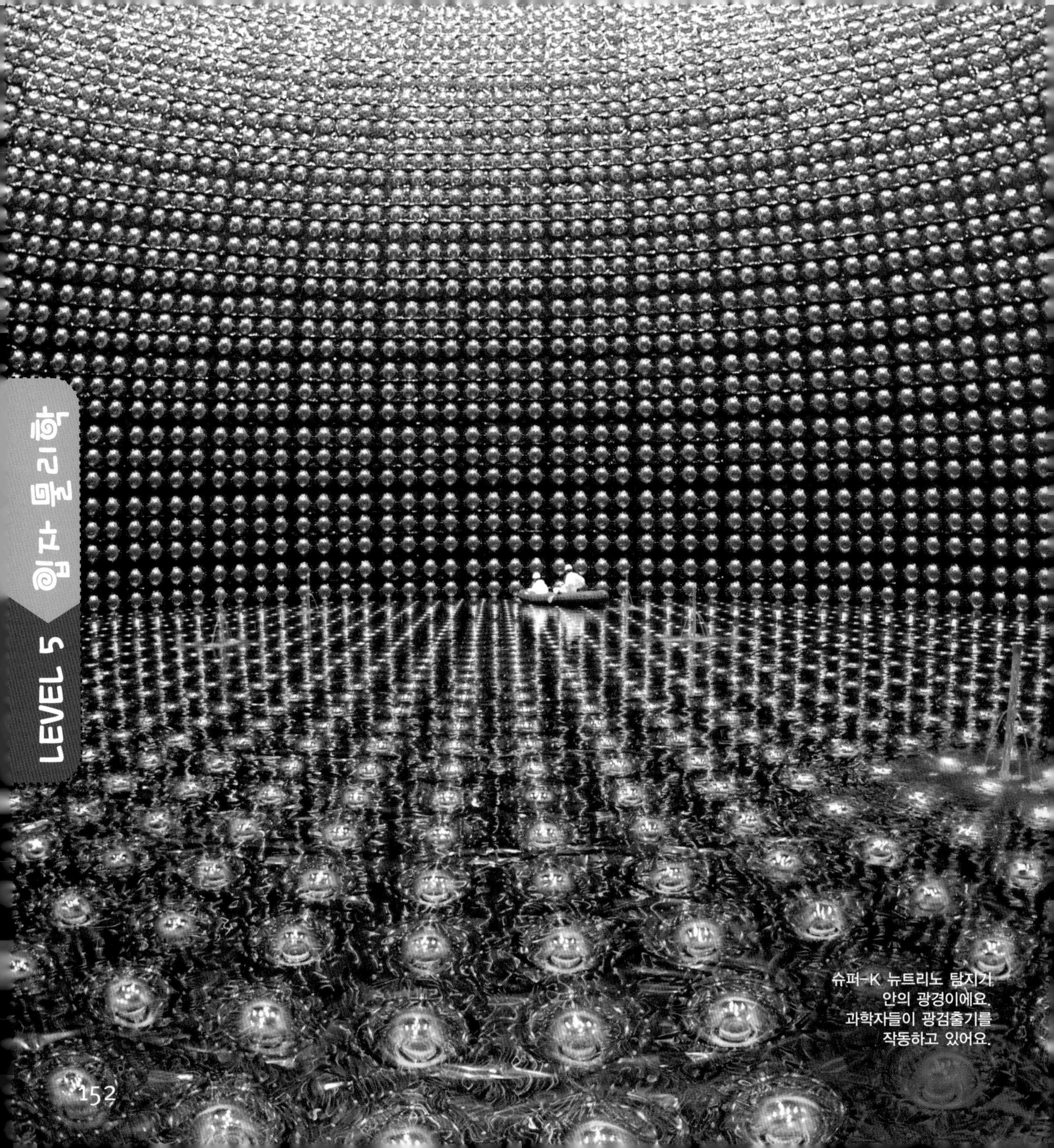

슈퍼-K 뉴트리노 탐지기
안의 광경이에요.
과학자들이 광검출기를
작동하고 있어요.

뉴트리노

'뉴트리노'를
'뉴트리나'로 귀엽게
부르는 건 어때?

뉴트리노는 다른 입자들에 비해 질량이 아주 작아서 전자보다도 가볍지요. 더구나 뉴트리노는 전기적으로 중성이어서 검출하기도 아주 어렵답니다. 뉴트리노를 탐지하기 위해서는 아주 많은 물질을 무작위로 상호 작용 하게 만들어야 해요. 과학자들은 대체로 많은 양의 물을 사용해서 이 상호 작용을 이끌어 내지요. 물을 지하 깊은 곳에서 반응시키면 불필요한 복사 에너지로부터 보호할 수 있어요. 그러고 나서 뉴트리노가 상호 작용 할 때 나오는 약한 빛을 찾아내죠. 이때 굉장히 많은 광검출기를 이용해요.

왜 뉴트리노를 찾으려고 할까요?

태양 내부에서 일어나는 상호 작용을 관찰하려면 태양 내부에서 나오는 뉴트리노를 관찰하면 되지요. 태양에서 나오는 뉴트리노의 종류와 양을 조사하면 태양 안쪽에서 어떤 일이 일어나는지 알아낼 수 있어요.

물리학 상식

- 태양은 중심부에서 핵융합을 통해 뉴트리노를 많이 만들어 내요.
- 태양에서서는 1제곱센티미터마다 약 4,000억 개의 뉴트리노가 지구로 날아와요. 단 1초 동안에요.
- 슈퍼 가미오칸데(슈퍼-K)는 일본에 있는 뉴트리노 검출기로, 지표면에서 1,000미터 아래에 있어요.
- 슈퍼-K는 5만 톤의 물과 1만 1,000개나 되는 광검출기를 사용해요.

빛의 속도

강입자 충돌기(LHC)는 입자들을 아주 빠른 속도로 가속해요. 빛의 속도의 99.999991퍼센트까지 양성자가 가속되지요. 그런데 빛보다 빨라질 수는 없을까요? 여러분이 테니스공을 아주 빨리 친다고 생각해 보세요. 공의 속도를 처음보다 두 배 빠르게 하려면 여러분은 처음보다 훨씬 더 많은 힘을 들여야 하고, 에너지는 4배가 들어요. 어떤 물체의 운동 에너지가 속도의 제곱에 비례한다는 공식을 적용한다면 말이에요.

양성자의 속도를 빠르게 하면?

하지만 운동 에너지가 속도의 제곱에 비례한다는 공식이 언제나 들어맞는 것은 아니에요. 속도가 빨라질수록 그보다 더 많은 에너지가 필요하거든요. 어떤 입자의 속도가 빛의 속도에 가까워질수록 입자를 더 가속시키기 위해서는 에너지가 더 많이 필요하답니다. 이 때문에 강입자 가속기 안에서는 빛의 속도 혹은 그보다 더 빠른 입자를 찾아볼 수 없지요. 그 정도의 속도를 내려면 에너지가 거의 무한대로 필요하답니다.

우주선이 지구 대기권에
들어오는 모습을 상상해서
그린 그림이에요.

물리학 상식
태양빛이 태양에서 지구까지 오려면 약 8분이 걸려요.
1638년, 갈릴레이는 세계 최초로 빛의 속도를 재 보려고 실험했답니다.
강입자 가속기 안의 양성자는 최고 속도일 때 둘레가 27킬로미터인 가속기를 1초에 1만 1,000번 이상 돌 수 있어요.

물리학 단어 사전

가속도 : 움직이는 물체의 방향과 속도가 시간에 따라 변하는 비율이에요.

강입자 충돌기(LHC) : 유럽 입자 물리학 연구소(CERN)에 있는 입자 가속 및 충돌기예요. 2012년 7월, 이를 통해 신의 입자라고 부르는 '힉스 입자'를 발견해 내기도 했어요.

강한 핵력 : 자연계에 작용하는 4가지 기본적인 상호 작용 가운데 하나예요.

광년 : 빛이 진공을 1년 동안 지나간 거리를 말해요. 약 9조 5천억 킬로미터예요.

궤도 : 어떤 물체가 운동하는 경로를 말해요.

기본 전하 : 전자 한 개 혹은 양성자 한 개가 가지고 있는 전하로서, 전하를 띤 모든 입자의 전하량을 세는 기본 단위이지요.

뉴턴 : 1kg의 질량을 갖는 물체를 1미터 매초 제곱($1m/s^2$)만큼 가속시키는 데에 필요한 힘을 말해요.

뉴트리노 : 아주 작은 질량을 가지고 있으며, 전하를 띠지 않는 근본 입자예요.

단열재 : 전류나 열에너지의 흐름을 막아 주는 물질을 말해요.

도플러 효과 : 소리의 원천이 이동하면서 소리의 높이가 달라지는 현상을 말해요.

마찰 : 어떤 물체가 다른 물체와 맞닿으며 움직이는 과정에서 생기는 저항을 말해요.

물질 : 물체를 이루는 재료를 말해요. 물체는 물질로 이루어지고, 물질은 원자들로 이루어져 있어요.

반물질 : 보통의 물질과 질량이 같고 전하가 반대인, 근본 입자로 구성된 물질이에요. 물질과 반물질이 만나면 소멸하므로, 눈으로 볼 수 있는 반물질이 지구 안에는 존재하지 않아요.

반양성자 : 양성자의 반입자로, 양성자와 질량이 같지만 음전하를 띠지요.

방향 정위 : 어떤 물체에 반사된 음파를 듣고 물체와의 거리를 판단하는 것을 말해요.

벡터 : 크기와 방향을 동시에 나타내는 물리량을 말해요.

북극광 : 북극과 가까운 지역에서 밤하늘에 보이는 불규칙한 형태의 빛이에요.

분극 : 중성인 물체의 전하가 분리되어 다른 전하와 상호 작용 할 수 있게 되는 것을 말해요.

분자 : 원소 또는 화합물을 이루는 가장 단순한 구조적 단위예요.

블랙홀 : 밀도가 매우 높아 빛이 탈출할 수 없을 정도로 중력장이 센 천체를 말해요.

상대성 : 기본 물리학 법칙이 관찰자의 운동에 의존한다는 생각을 말해요.

소멸 : 입자와 그 반입자가 충돌해 사라지며 엄청난 에너지를 내놓는 반응을 말해요.

속도 : 운동하는 물체에서 위치의 변화 값을 시간의 변화량으로 나눈 값이에요.

슈퍼 가미오칸데 : 일본에 있는 뉴트리노 검출기의 이름이에요.

암흑 물질 : 우주를 구성하는 총 물질의 90퍼센트 이상을 차지하고 있고, 오로지 중력을 통해서만 알아낼 수 있는 물질이에요.

압력 : 물체와 물체의 접촉면 사이에 작용하는, 서로 수직으로 미는 힘을 뜻해요.

양성자 : 중성자와 함께 원자핵을 구성하는 입자이며, 양의 전하를 가지고 있어요.

양전자 : 전자의 반대 입자로 전자와 같은 질량을 가지며 양전기를 지니는 소립자예요.

에너지 : 물체가 가지고 있는, 일을 할 수 있는 능력을 뜻해요.

열에너지 : 한 물체에서 다른 물체에 열의 형태로 전달되는 에너지예요.

열팽창 : 온도가 오르면서 물체의 부피가 팽창하는 것이에요.

온도 : 어떤 물체의 차고 뜨거운 정도를 수치로 나타낸 것이에요.

운동 에너지 : 움직이는 물체의 움직임 때문에 생기는 에너지예요.

원자 : 원소의 성질을 잃지 않으면서 물질을 이루는 최소 입자예요.

원운동 : 물체가 그리는 궤적이 원을 그리는 운동이며, 어떤 물체가 방향을 일정한 비율로 변화시키는 운동이에요.

유럽 입자 물리학 연구소(CERN) : 스위스 제네바 근처 스위스와 프랑스 국경에 걸쳐 있는 세계 최대 입자 가속기 연구소예요.

은하 : 공통의 중심을 회전하는 별(항성)들의 집단을 말해요.

자기공명영상(MRI) : 어떤 물체에 대한 3차원적인 정보를 영상으로 나타내는 의료 기구예요.

장 : 어떤 물체를 따라 중력이나 전기력, 자기력 같은 힘이 미치는 구역을 말해요.

적외선 : 가시광선보다 파장이 긴 빛이에요.

적색편이 : 어떤 물체가 관찰자에게서 아주 빠른 속도로 멀어질 때 색의 파장이 긴 쪽으로 이동하는 현상이에요.

정상파 : 반사되어 나오는 자기 자신의 파동과 충돌하면서 생겨나는 파동이에요.

정전기 : 어떤 물체의 전하가 정지 상태에 있어 흐르지 않고 머물러 있는 전기를 말해요.

줄 : 에너지 측정의 단위예요.

중력 : 지구가 물체를 끌어당기는 힘이에요.

중력 위치 에너지 : 중력장 안에 있는 물체의 위치에 따라 생기는 에너지예요.

중성자 : 질량이 양성자와 같지만 전하를 띠지 않는 하드론이에요.

종단 속도 : 어떤 물체가 공기 저항을 받으면서 도달할 수 있는 최고 속도를 말해요.

진동 : 어떤 물체가 왔다 갔다 반복되는 움직임을 말해요.

증발 : 액체가 그 표면에서 기체로 바뀌는 과정을 말해요.

청색편이 : 어떤 물체가 관찰자를 향해 아주 빠른 속도로 이동할 때 색의 파장이 짧은 쪽으로 이동하는 현상이에요.

초전도체 : 아주 아주 낮은 온도에서 전류가 저항 없이 흐르는 물질이에요.

태양풍 : 태양에서 오는 하전 된 입자들의 흐름을 말해요.

파장 : 주기적인 파동에서 제일 높은 점인 마루와 마루 사이의 거리, 혹은 골과 골 사이의 거리를 말해요.

포물선 운동 : 중력의 영향만을 받을 때 물체가 보이는 운동이에요.

표준 모형 : 근본 입자들과 그 입자들의 상호 작용이에요.

플라스마 : 고체, 기체, 액체와는 다른, 물질의 네 번째 상태예요.

하드론 : 강한 핵력의 영향을 받는 근본 입자들의 무리예요.

핵 : 양성자, 중성자가 들어 있는 원자의 중심부예요.

핵반응 : 어떤 원자를 다른 원소로 변화시키는 반응을 말해요.

힘 : 어떤 물체의 운동에 원래 방향 또는 반대 방향으로 변화를 일으키는 영향이에요.

이 책에 도움을 주신 분들

로비오

Sanna Lukander, Pekka Laine, Jan Schulte-Tigges, Mari Elomakai, Anna Makkonen

내셔널 지오그래픽

Bridget A. English, Jonathan Halling, Susan Blair, Dan Sipple, Galen Young,
Judith Klein, Anna Zusman, Lisa A. Walker, Anne Smyth, Andrea Wollitz

CERN

Rolf Landua

관련 교과 과정

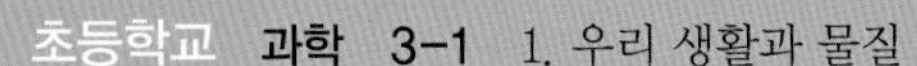

초등학교	과학	3-1	1. 우리 생활과 물질
			2. 자석의 이용
		4-1	2. 전기 회로
		6-1	1. 빛
			5. 자기장
중학교	과학	1-1	Ⅲ. 힘과 운동
		2-1	Ⅰ. 물질의 구성
			Ⅱ. 빛과 파동
		3-1	Ⅱ. 물질의 특성
			Ⅲ. 일과 에너지

그림 저작권

Front cover, © Art Wolfe/www.artwolfe.com; back cover, Raymond Barlow/National Geographic My Shot; 2, courtesy of Wikipedia (http://en.wikipedia.org/wiki/File:Birdsniper.jpg); 8-9, Duncan Usher/National Geographic Stock; 12, Bill Coster/NHPA/Photoshot; 14, Oxford Scientific/Getty; 16, Ted Mead/Getty; 17, Ralph Lee Hopkins/National Geographic Stock; 18, Michael Woodruff/Shutterstock; 20-21, Joe Petersburger/National Geographic Stock; 22, Craig Shepheard/Corbis/Demotix; 23, Nine/Universal News and Sport; 24, Steve Byland/Shutterstock; 25, Earl Reinink; 26, Asturianu/Shutterstock; 28, Mike Lane/Alamy; 30, Don Klein/Superstock; 32, Jason Idzerda; 34, Steve Happ; 36-37, Seth Resnick/Getty/Science Faction; 38, Frans Lanting/Corbis; 40-41, Richard Berry/Design Pics Inc./Alamy; 42, Richard Spranger; 44, Catherine Miller; 48-49, VGramitikov/Shutterstock; 52, Ocean/Corbis; 54, Norbert Rosing/National Geographic Stock; 56, Josly Almeida/National Geographic Stock; 58-59, Efren Ricalde/National Geographic My Shot; 60, Proehl Proehl/Getty/Picture Press; 62, John Shaw/Getty; 63, courtesy of National Geographic Digital Motion; 64, Cliff Collings; 65, Lou Guillette; 66, Alfred & Fabiola Forns/Solent; 68, Sue Flood/Getty; 70, Pete Oxford/National Geographic Stock; 72-73, Arthur Morris/Corbis; 74, Joos Schoeman/Alamy; 75, Arnon Azmon; 78-79, Nic Bothma/Corbis; 80, M. Frankling/Getty/Flickr RF; 84-85, Patricia Fitzgerald/National Geographic My Shot; 88, John Cancalosi/Alamy; 90, Gerry Pearce/Alamy; 92, Jon Vermilye; 93, Associated Press/Douglas Tesner; 94-95, Tui De Roy/National Geographic Stock; 96, Boston Globe/Getty; 97, Emily Anne Epstein/Corbis; 98-99, Brian Norcross/Alamy; 100, Paul Kingston/North News; 102, David Thyberg; 104, Jari Peltomaki; 105, courtesy of Wikipedia (http://fi.wikipedia.org/wiki/Tiedosto:Capercaillie%282%29.JPG); 106, Jim Brandenburg/Minden Pictures; 108, Kevin Schafer/Corbis; 110-111, Keith Ringland/Getty; 112, Andrew Parkinson/Nature Picture Library; 114, Anup Shah/Getty; 116, Jouan Ruis/Nature Picture Library; 120-121, Jason Hosking/Getty; 122, David Seibel; 124, Marcus Armani/National Geographic My Shot; 125, Boston Globe/Getty; 126, Kathryn O'Riordan; 128-129, Gerald Marella/Shutterstock; 130, Gert-Jan Seisling; 132, Mark Bridger/Shutterstock; 134, Ronald Wittek/Getty; 135, Michael S. Gordon/The Republican; 136, Tier Und Naturfotografie J & C Sohns/Getty; 138, Fred Hazelhoff/Getty/Minden Pictures; 140, Claire Spottiswoode; 142-143, Patricia Fitzgerald/National Geographic My Shot; 144, Mark Cawardine/Getty; 146, Juniors Bildarchiv/Alamy; 152, Michael Davidson; 154-155, Mark Calleja/Newspix.

어렵고 까다로운 초등 과학, 재미있는 《앵그리버드로》로 확실히 잡아요!

❶앵그리버드 스페이스

글 에이미 브릭스 · 그림 로비오 | 160쪽 | 13,000원

〈앵그리버드 스페이스〉는 신비한 우주와 과학에 관한 다양한 지식과 가치 있는 정보를 알려 주지요. 또한 드넓은 우주의 놀라운 사건들과 현상들을 종합적으로 보여 주는 아주 유익한 책이에요. 앵그리버드와 함께 재미있는 우주 여행을 떠나 보세요.

❷앵그리버드 리얼 스토리

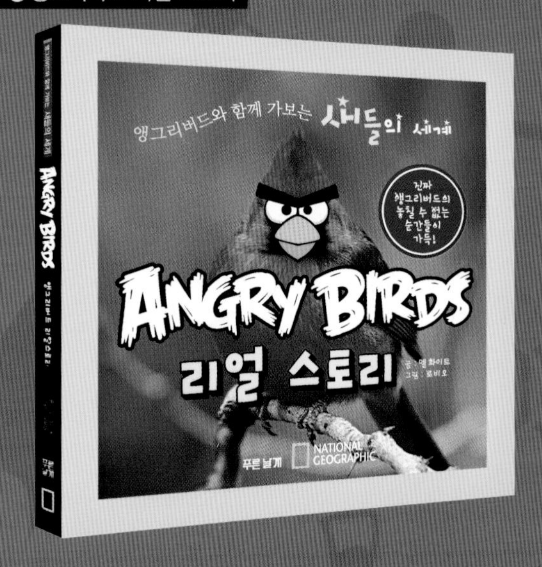

글 멜 화이트 · 그림 로비오 | 160쪽 | 13,000원

게임 속에 등장하는 캐릭터들이 자연 속을 누비며, 자기와 꼭 닮은 진짜 새들에 대한 다양하고 종합적인 지식을 전달해 주지요. 그동안 우리가 잘 볼 수 없었던 여러 새들에 대한 자세하고 유익한 정보를 알려 주는 책이에요.

★다음 출간 예정 〈앵그리버드 지리 탐험〉